园林植物栽培技术与养护管理研究

陶晓宁　著

U0194331

延吉·延边大学出版社

图书在版编目（CIP）数据

园林植物栽培技术与养护管理研究 / 陶晓宁著.

延吉 : 延边大学出版社，2024. 6. -- ISBN 978-7-230
-06706-5

Ⅰ. S688

中国国家版本馆CIP数据核字第2024WZ5984号

园林植物栽培技术与养护管理研究

YUANLIN ZHIWU ZAIPEI JISHU YU YANGHU GUANLI YANJIU

著　　者：陶晓宁

责任编辑：王治刚

封面设计：文合文化

出版发行：延边大学出版社

社　　址：吉林省延吉市公园路977号　　　邮　　编：133002

网　　址：http://www.ydcbs.com　　　E-mail：ydcbs@ydcbs.com

电　　话：0433-2732435　　　传　　真：0433-2732434

印　　刷：三河市嵩川印刷有限公司

开　　本：787mm×1092mm　1/16

印　　张：10

字　　数：200 千字

版　　次：2024 年 6 月 第 1 版

印　　次：2024 年 6 月 第 1 次印刷

书　　号：ISBN 978-7-230-06706-5

定价：70.00元

前　　言

近年来，随着社会的进步和人们生活水平的提高，人类对生存环境质量的要求越来越高，园林作为生态环境建设的重要组成部分和提高人类生存环境质量的重要手段，越来越受到人们的重视。特别是在城市，生态园林建设已成为解决社会快速发展所带来的环境问题的主要方式之一。在这样的背景下，作为园林绿化主体的园林植物在数量上增速迅猛。园林植物生长的好坏，直接影响到园林绿化的效果。人们要想让园林植物持续健壮地生长，以获得长期稳定的生态效益和观赏效果，必须进行科学合理的管理。这就急需大量面向园林建设一线、从事园林绿化特别是园林植物栽培与养护管理等方面的专业人才。因此，向更多的人普及园林植物栽培与养护的基本知识势在必行。

本书首先对园林植物的概念、分类、生长发育及环境对其的影响、栽培与养护基础进行了简要介绍，然后对园林植物栽培技术和养护管理进行了研究，最后对园林植物病虫害防治进行了论述。本书将重点放在园林植物的栽培技术与养护管理上，遵循了实用、系统、深入浅出的原则，具有自身的特色，通俗易懂、实用、可操作性强。

在撰写本书的过程中，笔者参阅了大量资料，在此向相关文献的作者表示衷心的感谢。由于时间紧张，加之笔者水平的限制，书中不足之处在所难免，恳请有关专家学者批评指正。

陶晓宁

2024 年 3 月

目　　录

第一章 园林植物概述

第一节 园林植物的概念及分类

以植物为主的现代园林已成为世界园林发展的新趋势。植物除了能为人类创造优美舒适的生活环境，更重要的是能创造适合人类生存的生态环境，改善环境质量，增强生态系统服务功能，为人类提供更多更优的生态产品，满足人类享有良好生态环境的新期待。在当前快速工业化、城市化的背景下，城市居民离自然越来越远，对生态环境有巨大需求。在推进生态文明建设、美丽中国建设的进程中，风景园林行业面临新的发展机遇，加强对园林植物的应用以及相关养护措施的关注有助于保护城市植物多样性，能够令人们的生活环境更加美丽。

一、园林植物的概念

园林植物适宜栽种于城市园林绿地、风景名胜区及室内装饰用的植物。包括木本和草本的观花、观叶、观果和观株姿的植物。通常指观赏价值高、景观效果好和具有经济价值的植物。

虽然园林景观的组成元素很多，如园林植物、园路、园桥、水体、山石等，各自的效用也不相同，但是园林景观中如果没有园林植物就不能称为真正的园林。可见，园林植物在园林景观中的作用可谓举足轻重。植物是营造园林景观的主要素材，园林能否达到实用、经济、美观的效果，在很大程度上取决于园林植物的选择和配置。

我国植物资源丰富，仅种子植物就有 3 万余种，其中很多可作为园林植物，如：银杏、水杉、水松、银杉等，有活化石之美称，是久有盛名的园林植物；杜仲、八角、麻黄、朱砂根等，既是名贵药用植物，也是园林植物；桃、梨、苹果、李子等，既是水果类植物，也可作为园林植物。丰富的植物资源为我国园林事业的发展提供了雄厚的物质基础。

园林植物种类繁多，每种植物都有自己独特的形态、色彩、风韵、芳香等，而这些特色又能随季节及年龄的变化而有所丰富和发展。例如：春季梢头嫩绿，花团锦簇；夏季绿叶成荫，浓彩覆地；秋季硕果累累，色香齐俱；冬季白雪挂枝，银装素裹。园林设计常通过不同植物之间的组合配置，创造出千变万化的景观。由于受气候等自然条件的影响，乔木、灌木、花卉、草皮在景观设计中运用较多，藤本和竹类常作为点缀出现。

受地理位置、生活文化及历史习俗等因素的影响，人们对不同植物常形成带有一定思想感情的看法，甚至将植物人格化。例如：我国常以四季常青的松柏代表坚贞不屈的革命精神，并象征长寿；欧洲许多国家认为月桂树代表光荣，橄榄枝象征和平。各种植物的不同配植组合，能带给人们丰富多彩的精神享受。

二、园林植物的分类

（一）按生活型分类

生活型是植物对生境条件长期适应而在外形上体现出来的植物类型。植物生活型外形特征包括大小、形状、分枝状态及寿命。一般植物可分为乔木、灌木、藤蔓、一年生草本、二年生草本、多年生草本等。

（1）乔木：树体高大（≥6 m），具有明显主干的木本植物；可依其高度而分为伟乔（31 m 以上）、大乔（21～30 m）、中乔（11～20 m）、小乔（6～10 m）等四级。常见的乔木有香樟、银杏、毛白杨、雪松等。

（2）灌木：没有明显主干，树体矮小（≤6 m），主干低矮的木本植物；可依其高度而分为大灌木（3～6 m）、中灌木（1～3 m）、小灌木（0.5 m 左右）等三级。常见的灌木有蜡梅、金叶女贞、月季等。

（3）藤蔓：主干柔弱，缠绕或攀附其他物体向上生长的木本植物。常见的藤蔓有紫藤、爬山虎等。

（4）一年生草本：完成一个生命周期仅仅需要一年时间的草本植物，如牵牛花、凤仙花、波斯菊等。

（5）二年生草本：第一年生长季（秋季）仅长营养器官，到第二年生长季（春季）开花、结实后枯死的草本植物，如金盏菊、虞美人、三色堇等。

（6）多年生草本：寿命超过两年，能多次开花、结实的草本植物，如蜀葵、鸢尾、大丽花等。

（二）按观赏部位分类

按观赏部位，园林植物可分为观叶植物、观花植物、观果植物等。

（1）观叶植物：这类植物或叶色光亮、色彩斑斓，或叶形奇特，或叶色季相变化明显，如银杏、红枫、乌桕、彩叶草、八角金盘、龟背竹等。

（2）观花植物：以花朵为主要观赏部位，以花形、花色、花香为胜，如牡丹、梅花、兰花、菊花、茶花、海棠、杜鹃、紫玉兰、樱花等。

（3）观果植物：果实或色泽艳丽、经久不落，或果形奇特、色形俱佳，如佛手、石榴、冬珊瑚、火棘、砂糖橘、金橘、柠檬和柑橘等。

（三）按在园林中的配植方式分类

按在园林中的配植方式，园林植物可分为行道树、庭荫树、花灌木、绿篱植物、垂直绿化植物、花坛植物、地被植物、草坪植物、室内装饰植物等。

（1）行道树：指成行种植在道路两侧的植物，一般以乔木为主。

（2）庭荫树：孤植或丛植在庭园、广场或草坪上，供人们在树下休憩的植物。

（3）花灌木：以观花为目的的灌木。

（4）绿篱植物：植株低矮、耐修剪、成行密植能代替栏杆或起装饰作用的植物。

（5）垂直绿化植物：可以用来绿化棚架、廊、山石、墙面的藤蔓植物或草本蔓生植物。

（6）花坛植物：栽植在花坛内、能形成各种花纹图案或呈现鲜艳色彩的低矮的草本植物或灌木。

（7）地被植物：植株低矮、茎叶密集、能良好地覆盖地面的草本或灌木。

（8）草坪植物：具有匍匐茎的多年生草本植物，以禾本科和莎草科植物为主。

（9）室内装饰植物：在室内栽植的用于室内装饰的盆栽观赏植物。

第二节　园林植物的生长发育

一、园林植物的生命周期

园林植物由于种类繁多，寿命差异很大。下面分别就木本植物和草本植物两大类进行介绍。

（一）木本植物

园林树木在不同年龄时期有不同的特点，对外界环境和栽培管理有一定的要求。研究园林树木不同年龄时期的生长发育规律，采取相应的栽培措施，控制园林树木各年龄时期的生长发育节律，可实现幼树适龄开花结实，延长盛花、盛果的观赏期，延缓树木衰老进程等园林树木栽培的目的。

根据园林树木生长过程的不同，可将其划分为以下几个时期：

1.种子期（胚胎期）

种子期（胚胎期）是从受精形成合子开始到种子萌发为止，是园林树木种子形成和以种子形态存在的一段时期。这一时期，种子一般是在母体内，借助母体形成的激素和其他复杂的代谢产物发育成胚，胚的发育和种子养分的积累则在自然成熟或贮藏过程中完成。种子期的长短因植物而异，有些园林树木种子成熟后，只要条件适宜就能萌发，如枇杷、蜡梅等；有些即使条件适宜，也不能立即萌发，必须经过一段时间才能萌发，如银杏、白蜡、山楂等。

2.幼年期

从种子萌发到植株第一次开花为幼年期。这一时期，树冠和根系的离心生长旺盛，光合作用面积迅速扩大，开始形成地上的树冠和骨干枝，逐步形成树体特有的结构、树高、冠幅，根系长度和根幅变化很快，同化物质积累增多，从形态和内部物质上为营养生长转向生殖生长做好了准备。有的植物幼年期仅 1 年，如月季、紫薇等；有的植物要 3～5 年，如桃、杏、李等；有的植物则长达 20～40 年，如银杏、云杉、冷杉等。总之，生长迅速的木本园林植物幼年期短，生长缓慢的则长。另外，幼年期树木遗传性尚未稳定，是定向育种的有利时期。

园林树木幼年时期的长短，因品种类型、环境条件和栽培技术而异。这一时期的栽培措施应是：加强土壤管理，充分供应水肥，促进营养器官健康而匀称地生长；轻修剪、多留枝条，使其根深叶茂，形成良好的树体结构，制造和积累大量的营养物质，为早见成效打下良好的基础。对于观花、观果树木则应促进其生殖生长，在定植初期的 1～2 年中，当新梢生长至一定长度后，可喷洒适当的抑制剂，促进花芽的形成，达到缩短幼年期的目的。

3.青年期

从植株第一次开花到大量开花之前为青年期。青年期是离心生长最快的时期，开花结果数量逐年上升，但花和果实尚未达到本品种固有的标准性状。为了促进多开花结果，一要勤修剪，二要合理施肥。对于生长过旺的树木，应多施磷肥、钾肥，少施氮肥，并适当控水，也可以使用适量的化学抑制物质，缓和其生长；相反，对于生长过弱的树木，应增加肥水供应，促进树体生长。

4.壮年期

从植株大量开花结实时开始到结实量大幅度下降、树冠外围小枝干枯为止为壮年期，这一时期是观花、观果植物一生中最具观赏价值的时期，花果性状已经完全稳定，并且可以充分反映品种固有的性状。为了最大限度地延长壮年期，以长期发挥其观赏效益，要充分供应肥水，早施基肥，分期追肥；要合理修剪，使生长、结果和花芽分化达到稳定平衡状态；要剪除病虫枝、老弱枝、重叠枝、下垂枝和干枯枝，以改善树冠通风透光条件；要切断部分骨干根，促进根系更新。

5.衰老死亡期

从骨干枝及骨干根逐步衰亡、生长显著减弱到植株死亡为止为衰老死亡期。这一时期，营养枝和结果母枝越来越少，植株长势逐年减弱，枝条细且生长量小，树体平衡遭到严重破坏，对不良环境抵抗力变差，树皮剥落，病虫害严重，木质腐朽。处于这一时期的花灌木应通过截枝或截干，刺激萌芽更新，或砍伐重新栽植；古树名木须采取复壮措施，尽可能延长其生命周期。

此外，无性繁殖园林树木的生命周期除了没有种子期，也可能没有幼年期或幼年期相对较短。因此，无性繁殖树木的生命周期可分为幼年期、青年期、壮年期和衰老死亡期四个时期，每一时期的特点及管理措施与实生园林树木基本相同。

（二）草本植物

1.一、二年生草本植物

一、二年生草本植物的生命周期很短，仅 1～2 年的寿命，但其一生也必须经过以下几个阶段：

（1）胚胎期：从卵细胞受精发育形成胚开始至种子发芽为止。

（2）幼苗期：从种子发芽开始至第一个花芽出现为止，一般 2～4 个月。二年生草本花卉多数需要通过冬季低温，才能在第二年春进入开花期。在其营养生长期内，应精心管理，使其尽快达到一定的株高、形成一定的株形，为开花打下基础。

（3）成熟期：从植株大量开花到花量大量减少为止。这一时期是观赏盛期，花色、花形最有代表性，自然花期为 1～3 个月。在这一时期，除了水肥管理，还要摘心、扭梢，使植株萌发更多的侧枝并开花，如一串红摘心 1 次可以延长开花期 15 天左右。

（4）衰老死亡期：从开花量大量减少、种子逐渐成熟开始到植株枯死为止。这一时期是种子的收获期，应及时采收，以免散落。

2.多年生草本植物

多年生草本植物的生命周期与木本植物基本相同，只是其寿命一般只有 10 年左右，各生长发育阶段与木本植物相比均短些。

植物各生长发育阶段是逐渐转化的，不同阶段之间无明显界限。由于遗传习性和生长环境的不同，各种植物的各生长发育阶段长短不同。在栽培过程中，可通过合理的栽培措施，在一定程度上加快或延缓下一阶段的到来。

二、园林植物的年生长周期

园林植物的年生长周期（以下简称"年周期"）是指园林植物在一年中随着环境条件特别是气候的季节变化，在形态和生理上产生与之相适应的生长发育的规律性变化，如萌芽、抽枝、开花、结实、落叶、休眠等，也称为物候或物候现象。年周期是生命周期的组成部分，栽培管理年工作月历的制定是以植物的年生长发育规律为基础的。因此，研究园林植物的年生长发育规律对植物造景和防护设计以及制定不同季节的栽培与养护管理措施具有十分重要的意义。

温带地区四季气候变化明显，由春至冬气温由低到高、再由高到低。生长在这种气候条件下的植物，其生长呈现出明显的节律性变化，即冬季和早春处于休眠状态，其余时间则处于生长状态。在赤道附近的树木，由于无四季气候变化，全年均可生长，无休眠期，但也有生长节奏表现。在离赤道稍远的雨林地区，因有明显的干湿季，多数树木在湿季生长和开花，在干季因高温干旱而落叶，被迫休眠。

下面主要介绍温带地区植物的年周期：

（一）落叶树木的年周期

温带地区的气候在一年中有明显的四季，因此温带落叶树木的年生长周期最为明显，可分为生长期和休眠期，在生长期和休眠期之间又各有一个过渡期，即生长转入休眠期和休眠转入生长期。

1.休眠转入生长期

这一时期处于树木将要萌芽前，即当日平均气温稳定在 5 ℃以上至芽膨大待萌发时止。通常芽的萌动、芽鳞片的开绽为树木解除休眠的形态标志，实质上树液开始流动这一生理活动现象的出现才是树木真正解除休眠的标志。树木从休眠转入生长，需要一定的温度、水分和营养物质。不同的树种，对温度的反应和要求不一样。北方树种芽膨大所需的温度较低，当日平均气温稳定在 3 ℃以上时，经一定时期，达到一定的积温即可。原产温暖地区的树木，其芽膨大所需积温较高，花芽膨大所需积温比叶芽低。当树体贮存的养分充足时，芽膨大较早且整齐，进入生长期也快。在解除休眠后，树木抗冻能力明显降低，如遇突然降温，则萌动的花芽和枝干易受冻害。当早春气候干旱时，对树木应及早浇灌，否则当土壤持水量较低时，其易发生枯枝现象。但不能浇水过多，浇水过多会影响地温的上升，导致发芽推迟。在发芽前浇水配合施以氮肥可以弥补树体贮藏养分的不足而促进其萌芽和生长。

2.生长期

生长期从树木萌芽开始到落叶为止，是树木年周期中时间最长的一个时期。在此期间，树木随季节变化、气温升高会发生一系列极为明显的生命活动现象，如萌芽、抽枝、展叶、开花、结实等。

萌芽常作为树木开始生长的标志，其实根的生长比萌芽要早。不同树木在不同条件下每年萌芽次数不同，其中以越冬后的萌芽最为整齐，这与去年积累的营养物质的贮藏和转化有关，其为萌芽做了充分的准备。

每种树木在生长期中，都按其固定的物候顺序进行着一系列生命活动。有的先萌花芽，而后展叶；也有的先萌叶芽，抽枝展叶，而后形成花芽并开花。树木各物候期的开始、结束和持续时间的长短，因品种、环境条件和栽培技术而异。

生长期是各种树木营养生长和生殖生长的主要时期。这个时期不仅能体现树木当年的生长发育情况，而且对树体养分的贮存和下一年的生长等各种生命活动有重要的影响，同时也是发挥其绿化功能的重要时期。因此，生长期是养护管理工作的重点，应该创造良好的环境条件，满足水肥的要求，以促进树体的良好生长。

3.生长转入休眠期

秋季叶片自然脱落是落叶树木进入休眠状态的重要标志。在正常落叶前，新梢必须经过组织成熟过程才能顺利越冬，早在新梢开始自上而下加粗生长时，新梢就逐渐开始木质化，并在组织内贮藏营养物质。在新梢停止生长后，这种积累过程仍在继续，有利于花芽的分化等。结有果实的树木，在采、落成熟果实后，养分积累更为突出，一直持续到落叶前。

秋季日照变短是导致树木落叶、进入休眠期的主要因素，气温的降低加速了这一过程的进展。在树木进入休眠期后，由于枝条形成了顶芽，结束了伸长生长，依靠生长期形成的大量叶片，在秋高气爽、温湿条件适宜、光照充足的环境中进行旺盛的光合作用，合成光合养料，供给器官分化、成熟的需要，使枝条木质化并将养分向贮藏器官或根部输送，进行养分的积累和贮藏。此时树体内细胞的细胞液浓度提高，水分逐渐减少，提高了树体的越冬能力，为树木休眠和来年生长创造了条件。若过早落叶，生长期相对缩短，则不利于养分积累和组织成熟。干旱、水涝、病虫害等都会造成树木早期落叶，甚至会引起再次生长，危害很大。该落不落，说明树木未做好越冬准备，易发生冻害和枯梢，在栽培中应防止这类现象发生。但个别秋色叶树种另当别论，因为人们会为了延长观赏期而使之延迟落叶。

不同树龄的树木进入休眠期的早晚不同，一般幼年树晚于成年树。同一树体的不同器官和组织进入休眠期的早晚也不同，一般小枝、细弱短枝、早期形成的芽进入休眠期早，地上部分主枝、主干进入休眠期较晚，根颈进入休眠期最晚，故最易受冻害。在园林植物养护管理实践中，人们常用根颈培土的办法来防止冻害。

刚进入休眠期的树木，处在浅休眠状态，耐寒力还不强，如果初冬间断回暖，休眠就会逆转，越冬芽就会萌动，若遇突然降温就容易遭受冻害。所以对于这类树木，不宜过早修剪，在其进入休眠期前要控制浇水。

4.休眠期

从秋末冬初落叶树木正常落叶后到翌年开春树液开始流动前为止，是落叶树木的休眠期。在树木休眠期内，虽然没有明显的生长现象，但树体内仍然进行着各种生命活动，如呼吸、蒸腾、芽的分化、养分合成和转化等，这些活动只是进行得较微弱和缓慢。所以确切地说，休眠只是个相对概念。

落叶休眠是温带树种在进化过程中对冬季低温环境所形成的一种适应性。它能使树木安全度过冬季，以保证下一年能进行正常的生命活动。如果没有这种特性，正在生长的幼嫩组织就会受到早霜的危害，难以越冬。

（二）常绿树的年周期

常绿树并不是树上全部叶片全年不落，而是叶的寿命相对较长，多在1年以上。常绿树没有集中明显的落叶期，每年仅有一部分老叶脱落并能不断增生新叶，其在全年各个时期都有大量新叶保持在树冠上，使树木保持常绿。在常绿针叶树类中，松属的针叶可存活2～5年，冷杉叶可存活3～10年，紫杉叶甚至可存活6～10年，它们的老叶多在冬春间脱落，刮风天尤甚。常绿阔叶树的老叶多在萌芽展叶前后逐渐脱落。热带、亚热带的常绿阔叶树，其各器官的物候动态表现极为复杂，各种树木的物候差别很大，难以归纳。例如，幼龄油茶一年可抽春梢、夏梢、秋梢，而成年油茶一般只抽春梢。又如，柑橘类一年中可多次抽生新梢（春梢、夏梢、秋梢），各梢间有一定的间隔。有的树种一年可多次开花结果，如柠檬、四季橘等；而有的树种果实生长期很长，如伏令夏橙春季开花，到第二年春末果实才成熟。

（三）草本植物的年周期

草本植物种类繁多，原产地立地条件各不相同，因此年周期的变化也不相同。一年生草本植物的年周期与生命周期相同，短暂而简单。二年生草本植物在秋季萌发后，以幼苗状态越冬，到第二年春季开花、结实，然后干枯死亡。多年生草本植物能存活两年以上，有些植物地下部分为多年生，地上部分每年死亡，如荷花、仙客来、水仙、郁金香、百合等；也有的地上部分和地下部分均存活多年，如万年青、麦冬、沿阶草等。

第三节　园林植物与环境

环境一般是指有机体周围的生存空间。就园林植物而言，环境就是植物体周围的园林空间，这个空间中存在着光照、温度、水分、土壤及空气等非生物因素和植物、动物、微生物及人类等生物因素。这些非生物因素和生物因素交织在一起，构成了园林植物生存的环境条件，并直接或者间接地影响着园林植物的生存与生长。园林植物在生活过程中始终与周围环境进行着物质和能量交换，既受环境条件制约又影响周围环境。一方面，园林植物以自身的变异适应不断变化的环境，即环境对植物具有塑造或改造作用；另一方面，园林植物具有一定程度和一定范围的环境改造作用。只有在适宜的环境中，植物才能生长发育良好，花繁叶茂。

组成环境的各种因素，即环境因子，包括气候因子、土壤因子、地形因子等。在环境因子中，对某种植物有直接作用的因子称为生态因子。特定园林植物长期生长在某种环境里，受到该环境条件的特定影响，因此对某些生态因子有特定需要，这就是其生态习性。植物造景要遵循植物生态学原理，尊重植物的生态习性，对各种环境因子进行综合研究，然后选择合适的园林植物种类，使得园林中每一种造景植物都有各自理想的生存环境，或者将环境对园林植物的不利影响降到最低，使植物能够正常地生长发育。

环境中各生态因子对植物的影响是综合的，也就是说园林植物生活在综合的环境因子中，缺乏某一因子，园林植物便不可能正常生长。而环境中各生态因子又是相互联系、相互制约的，并非孤立的。常见的主导因子包括温度、水分、光照、空气、土壤等。

一、温度

（一）温度的生态学意义

任何植物都生活在具有一定温度的外界环境中并受温度变化的影响。植物的生理生化反应（如光合作用、呼吸作用、蒸腾作用等）必须在一定的温度条件下进行。每种植物的生长都有其特定的最低温度、最适温度和最高温度，即温度三基点。在最适温度范围内，植物各种生理活动旺盛，植物生长发育最好。在通常情况下，温度升高，生理生化反应加快，生长发育加速；温度下降，生理生化反应变慢，生长发育迟缓。但当温度低于或高于植物所能忍受的温度范围时，生长逐渐缓慢、停止，发育受阻，植物开始受害甚至死亡。温度的变化还能引起环境中其他因子如湿度、降水、风、水中氧的溶解度等的变化，而环境诸因子的综合作用又能影响植物的生长发育、作物的产量和质量。

（二）温度对园林植物的影响

1.温度对园林植物分布的影响

温度能影响植物的生长发育，是制约植物分布的关键生态因子之一，是不同地域植物组成存在差异的主要原因之一。根据植物与温度的关系，从分布的角度植物可分为两种生态类型，即广温植物和窄温植物。广温植物是指能在较宽的温度范围内生活的植物，如松树、桦树、栎树等。窄温植物是指只生活在很窄的温度范围内，不能适应温度较大变动的植物。其中，仅能在低温范围内生长发育、怕高温的，称为低温窄温植物，如雪球藻、雪衣藻等只能在冰点温度范围内发育繁殖；仅能在高温条件下生长发育、怕低温的植物，称为高温窄温植物，如椰子、槟榔等只分布在热带高温地区。温度是影响园林植物的引种驯化、异地保护的重要因素。通常北种南移（或高海拔引种到低海拔）比南种北移（或低海拔引种到高海拔）更易成功，草本植物比木本植物更易引种成功，一年生植物比多年生植物更易引种成功，落叶植物比常绿植物更易引种成功。

2.温度对园林植物生长的影响

温度还是影响植物生长速度的重要因子，对植物的生长、发育及生理代谢活动有重要的影响。原产于热带、亚热带地区生长的植物对温度要求较高，原产于温带、寒带地区的植物对温度要求则较低。根据植物对温度要求的不同，植物可分为喜热植物、喜温植物和耐寒植物三种。喜热植物有榕树、米兰、茉莉、叶子花等，喜温植物有杜鹃、桂花、香樟等，耐寒植物有丁香、牡丹、连翘、白桦等。在引种栽培时，人们必须了解植物对原产地温度的要求，合理引种。

昼夜温度有节律的变化称为温周期。昼夜温差大对植物生长有利，是因为白天温度高有利于植物的光合作用，通过光合作用合成的有机物多；夜间适当降温，植物的呼吸作用减弱，消耗的有机物质减少，使得植物净积累的有机物增多。通过光合作用净积累的有机物越多，对花芽形成越有利，开花就越多。但也不是温差越大越好。据研究，大多数植物的昼夜温差以 8 ℃左右最为合适，如果温差超过这一限度，那么不论是昼温过高还是夜温过低，都对植物的生长有不良的影响。

3.温度对园林植物的发育及花色的影响

温度对植物发育的影响，首先表现为春化作用。一些植物在发育过程中，必须经历一段时间的持续低温才能由营养生长阶段转入生殖阶段，否则不能正常开花，这种低温促进植物开花的作用叫春化作用。例如，风信子、郁金香等球根花卉和一、二年生花卉在其个体发育中必须通过低温诱导才能开花。不同植物对春化温度要求不同。一般秋植花卉春化温度较低，为 0～10 ℃；春播一年生花卉春化温度较高，在温暖时播种仍能正常开花。一些植物花芽分化需要的最适温度如下：杜鹃、山茶为 25 ℃，水仙花为 13～14 ℃，八仙花为 10～15 ℃，桃树为 27～30 ℃。但这些植物在花芽分化后，也必须经过冬季低温才能正常开花，否则花芽发育受阻，花朵异常。

温度也是影响花色的主要环境条件之一，一般花色随温度的升高、阳光的加强而变淡。例如：月季花在低温下呈深红色，在高温下呈白色；翠菊在寒冷地区的花色较温暖地区的花色浓艳；大丽花在温暖地区栽培，即使夏季开花，花色也暗淡，到秋季气温降低后花色才艳丽。另外，矮牵牛蓝和白的复色品种，开蓝色花或是白色花，受温度影响很大，在 30～35 ℃高温下，花开繁茂时，花瓣完全呈蓝色或紫色；在 15 ℃温度下，同样花开繁茂时，花色为白色。而在上述两者之间的温度下，花色为蓝白复色，且蓝色和白色的比例随温度的变化而变化，当温度向 30 ℃变化时，蓝色部分增多；当温度向 15 ℃变化时，白色部分增多。

4.土温对园林植物生长的影响

根系生长在土壤中，土温的高低直接影响根系的生长。土温低不利于根系吸收水分和养分，会影响植物生长。当土温低且蒸腾作用过猛时，植物会因组织脱水而受到损伤。因此，在炎热的夏季，尤其在中午前后，如在土温最高时给植物浇冷水，就会使土温骤降，从而使根系的吸水能力急剧降低，不能及时供应地上部分蒸腾作用的需求，导致植物暂时萎蔫。土壤供水也在一定程度上受土温的影响，高土温会加速水分从土表的蒸发。

例如，北方地区由于冬季较为寒冷，土壤冻结很深，根系吸收的水分无法满足蒸腾消耗，常会引起生理干旱。如果在入冬后，将雪堆放在植物根部，则能提高土温，使土壤冻结层变浅，深层的根系仍能活动，从而有助于解决植物冬季失水过多的问题。

5.极端温度对园林植物生长的危害

当气温接近植物生存上限时，植物会生长不良；而当气温超过上限时，植物在短时间内就会死亡。高温会使光合作用减弱，呼吸作用增强。在这种情况下，营养物消耗大于积累，植物就会因"饥饿"而死亡。另外，高温还会破坏植物的水分平衡，促使蛋白质凝固，并导致有害代谢产物在植物体内积累。例如，在高温下，观叶植物的叶片会褪色失绿，而观花植物的花期会缩短。

植物原产地不同，对高温的忍受能力也不同。例如，米兰在夏季高温时生长旺盛，花香浓郁，而仙客来、水仙、郁金香等会因不能忍受夏季高温而休眠，甚至一些秋播花卉在盛夏来临前即干枯死亡。同一植物在不同时期，耐高温的能力也不同，种子期最强，开花期最弱。在栽培过程中，应适时采用降温措施，如喷淋水、遮阴等，使植物安全越夏。

低温伤害指植物在能忍受的极限低温以下所受到的伤害。其外因主要取决于降温的强度、持续的时间和发生的季节，内因主要取决于植物本身的抗寒能力。低温对植物的伤害有寒害和冻害两种。寒害指 0 ℃以上的低温对植物造成的伤害，多发生于原产于热带和亚热带南部地区的喜温植物。冻害是指 0 ℃以下的低温使组织结冰，从而对植物造成的伤害。不同植物对低温的抵抗力不同。同一植物在不同的生长发育时期，对低温的忍受能力也有很大差别，如休眠种子的抗寒力最高，休眠植株的抗寒力也较高，而生长中的植株抗寒力明显下降。秋季和初冬冷凉气候的锻炼，可提高植物的抗寒力。另外，在植物的养护管理中，人们可通过地面覆盖秋秸、落叶、塑料薄膜，设置风障等措施减少寒害的发生。

二、水分

（一）水分的生态学意义

水分是植物体的基本组成部分，也是影响植物形态结构、生长发育、繁殖及种子传播等的重要生态因子。植物体内的一切生命活动都是在水的参与下进行的，植物的生长离不开水，但水分过多或不足都会对植物产生不良的影响。

资料表明，当土壤含水量降至 10%～15%时，许多植物的地上部分停止生长；当土壤含水量低于7%时，根系停止生长，同时土壤溶液浓度过高，根系水分发生外渗，会引起烧根甚至死亡。另外，水分不足会使花芽分化减少，缩短花期，影响观赏效果。而水分过多会使土壤中的空气流通不畅，二氧化碳相对增多，氧气缺乏，有机质分解不完全，促使一些有毒物质积累，阻碍酶的活动，影响根系的吸收，使植物根系中毒。在一般情况下，常绿阔叶树种的耐淹力低于落叶阔叶树种，浅根性树种的耐淹力较强。

水分对植物的不利影响可分为旱害和涝害两种。旱害主要是由大气干旱和土壤干旱引起的，它使植物体内的生理活动受到破坏，并使水分失衡，轻则使植物生殖生长受阻、果实品质下降、抗病虫害能力减弱，重则导致植物长期处于萎蔫状态甚至死亡。涝害则是由土壤水分过多和大气湿度过高引起的。在淹水条件下，土壤严重缺氧、二氧化碳积累，使植物生理活动和土壤中的微生物活动不正常，进而导致土壤板结、养分流失或失效等。

（二）水分与植物的分布

1.水生植物

水生植物是指生长在水中的植物。水生植物的特点如下：①体内有发达的通气系统，以保证氧气的供应；②叶片常呈带状、丝状或极薄，有利于增加采光面积和对二氧化碳与无机盐的吸收；③植物体具有较强的弹性和抗扭曲能力，以适应水的流动；④淡水植物具有自动调节渗透压的能力，海水植物则是等渗的。水生植物可以分为挺水植物、浮水植物、漂浮植物和沉水植物等类型。

2.陆生植物

此类植物是指在陆地上生长的植物，它包括湿生植物、中生植物和旱生植物三类。湿生植物在潮湿环境中生长，不能长时间忍受缺水，是陆生植物中抗旱能力最弱的，如在植物造景中可用的池杉、水松、垂柳及千屈菜等。中生植物生长在水湿条件适中的陆地上，是种类最多、分布最广和数量最大的陆生植物。旱生植物在干旱的环境中生长，能忍受较长时间的干旱，主要分布在干热的草原和荒漠地区。它又可分为少浆液植物和多浆液植物两类：少浆液植物叶面积小，根系发达，原生质渗透压高，含水量极少，如刺叶石竹、骆驼刺等；多浆液植物有发达的贮水组织，多数种类叶片退化而由绿色茎代行光合作用，如仙人掌、瓶子树等。

三、光照

植物依靠叶绿素吸收太阳光能，将二氧化碳和水转化为有机物（主要是淀粉），并释放出氧气，这就是植物进行光合作用的过程。植物通过光合作用利用无机物生产有机物并且贮存能量，因此光照对植物的生长发育至关重要，它是在植物生命活动中起重大作用的生态因子。在一定的光照强度下，植物才能进行光合作用，积累碳素营养。适宜的光照能使植物生长健壮、着花多、色艳香浓。如何提高光能利用率是园林植物栽培研究的重要内容之一。

（一）光的物理性质及其对园林植物的影响

太阳辐射的波长范围，大约在 $0.15\sim4\ \mu m$ 之间，其中可见光（$0.4\sim0.76\ \mu m$）具有最大的生态学意义，因为只有可见光能在光合作用中被植物所利用并转化为化学能。植物叶片对可见光区中的红橙光和蓝紫光的吸收率最高，因此这两部分称为生理有效光；绿光被叶片吸收极少，称为生理无效光。

当太阳光透过复层结构的植物群落时，因为植物群落对光的吸收、反射和透射，到达地表的光照强度和光质都大大改变了，所以光照强度大大减弱，红橙光和蓝紫光也已所剩不多。因此，生长在生态系统不同层次的植物，对光的需求是不同的。

（二）光照强度对园林植物的影响

光照强度直接影响植物的生长发育，植物需要在一定的光照条件下完成生长发育过程。由于不同的植物在器官构造上存在较大差异，因此需要依靠不同的光强来维持其生命活动。根据植物需光量的不同，一般可将其分为三种类型，即阳性植物、阴性植物和居于这两者之间的耐阴（中性）植物，如表 1-1 所示。

表 1-1　按需光量不同的植物分类

类型	特征	种类
阳性植物	要求较强的光照，不耐庇荫；一般需光度为全日照 70%以上的光强，在自然植物群落中，常为上层乔木	大多数松柏类植物和桉树、椰子树、杜果树、柳树、桦树、槐树、梅、木棉、银杏、广玉兰、鹅掌楸、白玉兰、紫玉兰、朴树、榆树、毛白杨、合欢等树，以及矮牵牛、鸢尾等一、二年生及多年生草本花卉
阴性植物	一般需光度为全日照的 5%～20%，不能忍受过强的光照，在较弱的光照条件下生长良好；常处于自然植物群落中、下层，或生长在潮湿背阴处	铁杉、红豆杉、云杉、冷杉、文竹、杜鹃花、茶、中华常春藤、地锦、人参等
耐阴（中性）植物	一般需光度在阳性和阴性植物之间，对光的适应幅度较大，在全日照下生长良好，也能忍受适当的庇荫，大多数植物属于此类	八角金盘、罗汉松、竹柏、君迁子、棣棠、珍珠梅、绣线菊、玉蓉、山茶、栀子花、南天竹、海桐、珊瑚树、大叶黄杨、蚊母树、迎春、十大功劳、八仙花等

　　植物的需光强度与其原生地的自然条件有关，如生长在我国南部低纬度、多雨地区的热带、亚热带常绿植物如柑橘、枇杷等，对光的要求就低于原生于北部高纬度地区的落叶植物如落叶松、杨树、桃等。

　　此外，同一植物对光照的需要还随生长环境、年龄的不同而不同。在一般情况下，在干旱瘠薄的环境中生长的植物比在湿润肥沃环境中生长的植物需光性大，常常表现出阳性树种的特征。有些树木在幼苗阶段需要一定的庇荫条件，随着年龄的增长，需光量逐渐增加。由枝叶生长转向花芽分化的交界期间，光照强度的影响更为明显，此时若光照不足，则花芽分化困难，不开花或开花少。例如，喜强光的月季，在庇荫处生长，枝条节间长，叶大而薄，很少开花。

　　栽培地点发生改变，植物的喜光性也常会改变，原产于热带、亚热带的植物，如铁树等，原属阳性，但引到北方后，夏季却需要适当遮阴。因为原产地雨水多，空气湿度大，光的透射能力较弱，光照强度比北方弱；而北方多晴少雨，空气干燥。

（三）日照长度对园林植物的影响

日照长度是指白昼的持续时数或太阳的可照时数。日照长度对植物的开花有重要影响，植物的开花具有光周期现象。日照长度还对植物休眠和地下贮藏器官的形成有明显的影响。根据植物开花过程与日照长度的关系，植物可分为长日照植物、短日照植物、中日照植物和日照中性植物，如表 1-2 所示。

表 1-2　按所需日照长度不同植物的分类

类型	特征	种类
长日照植物	只有当日照长度超过一定数值（通常大于 14 h）时，这类植物才会开花，否则只进行营养生长，不能形成花芽。人为延长光照时间可促使这类植物提前开花。这类植物通常自然分布于高纬度地区	唐菖蒲、牡丹、郁金香、睡莲、薰衣草、冬小麦、油菜、菠菜、甜菜、甘蓝和萝卜等
短日照植物	只有当日照长度短于一定数值（通常日照长度短于 12 h 或具有 14 h 以上的黑暗）时，这类植物才开花，否则只进行营养生长。这类植物通常是在早春或深秋开花	菊花、大丽花、波斯菊、长寿花、牵牛花、玉米等
中日照植物	只有当昼夜长短比例接近时，这类植物才能开花	甘蔗等
日照中性植物	这类植物对光照时间不敏感，只要温度、湿度等生长条件适宜，就能开花	蒲公英、黄瓜、番茄等

（四）光照对园林植物花色的影响

花卉的着色主要靠花青素，花青素在强光、直射光下易形成，而在弱光、散射光下不易形成。高山花卉较低海拔花卉色彩艳丽。同一种花卉，在室外栽植较室内栽植色彩艳丽。玫瑰在弱光下会因缺乏碳水化合物而出现颜色变淡的情况。因此，室外花色艳丽的盆花，移入室内栽培一段时间后，会逐渐褪色。例如，要想保持菊花的白色，则必须遮挡光线，抑制花青素的形成，否则在阳光下，白花瓣易稍带紫红色，失去种性。

光线的强弱还会影响花朵开放的时间。例如，午时花、半枝莲在中午强光下开放，下午光线变弱后即闭合，雨天不开；紫茉莉在傍晚开放，至早晨就闭合；牵牛花在光照较强时也闭合。

四、空气

空气中的氧气对园林植物作用甚大，能够为植物的生命活动提供能量，植物生长发育的各个时期都需要氧气进行呼吸作用。氮气是空气的主要成分，氮元素也是植物体内不可缺少的成分，但是高等植物却不能直接利用它，仅少数有根瘤菌的植物可以用根瘤菌来固定空气中的游离氮。二氧化碳在空气中虽然含量不多，但作用极大，它是光合作用的原料，同时还具有吸收和释放辐射能的作用，会影响地面和空气的温度。二氧化碳的含量与光合作用的强度密切相关。在正常光照条件下，光照强度不变，随着二氧化碳浓度的增加，植物的光合作用强度也会相应提高。因此，在栽培园林植物时，可以对植物进行二氧化碳施肥，用提高植物周围二氧化碳含量的方法促使植物快速生长。

空气流动形成风，风既能直接影响植物，又能影响湿度、温度等，从而间接影响植物的生长发育。风对植物有利的生态作用表现在帮助其授粉和传播种子。各种园林植物的抗风能力差别很大：树冠紧密、材质坚韧、根系强大深广的植物，抗风能力强；而树冠庞大、材质柔软或硬脆、根系浅的植物，抗风能力弱。同一树种的抗风能力又因繁殖方法、立地条件和配置方式的不同而有差别：扦插繁殖的树木，其根系比用播种繁殖的浅，故易倒；在土壤松软而地下水位较高处生长的树木根系浅，固着不牢，也易倒；孤立的树木和稀植的树木比密植的树木易受风害，密植的树木抗风能力较强。风对园林植物的影响是多方面的。轻微的风能帮助植物传递花粉，加强蒸腾作用，提高根系的吸收能力，促进气体交换，改善光照，促进光合作用，消除辐射霜冻，减少病原物等。而大风则对植物有伤害作用。例如，冬季大风易引起植物的生理干旱；花果期如遭遇大风，植物会大量落花落果；强风会折断树干，尤其是风雨交加的台风天气，极易使树木倒伏。

空气污染对园林植物的生长发育有较大的负面影响。园林植物在进行正常生长发育的同时能吸收一定量的空气污染物并对其进行解毒，这就是植物的抗性。不同植物对空气污染物的抗性不同，这与植物叶片的结构、叶细胞的生理生化特性有关。通常，常绿阔叶植物的抗性比落叶阔叶植物强，落叶阔叶植物的抗性比针叶植物强。另外，人们可以利用一些对有毒气体特别敏感的植物来监测空气中有毒气体的种类和浓度。这些植物在受到有毒气体危害时会表现出一定的症状，人们可以通过这些症状推断出环境污染的范围与污染物的种类和浓度。用来监测环境污染的植物称为监测植物或指示植物，如：矮牵牛和紫花苜蓿是二氧化硫的指示植物；雪松对二氧化硫和氟化氢敏感，当雪松针叶出现发黄、枯焦的症状时，周围空气中可能存在二氧化硫或者氟化氢污染。

五、土壤

土壤是岩石圈表面的疏松表层，是陆生植物生活的基质，是由固、液、气三相物质组成的多相分散的复杂体系。肥沃的土壤能同时满足植物对水、肥、气及热的要求，是植物正常生长发育的基础。园林植物在生长发育的过程中，需要不断从土壤中获得水分和养分，以满足自身生长的需要。

（一）土壤的物理性质对园林植物的影响

具有团粒结构的土壤是结构良好的土壤，它能协调土壤中的水分、空气和营养物质之间的关系，统一保肥和供肥的矛盾，有利于植物的根系活动及吸取水分和养分，为植物的生长发育提供良好的条件。无结构或结构不良的土壤，土体坚实，通气、透水性差，土壤中微生物和动物的活动受抑制，土壤肥力差，不利于植物根系扎根和生长。土壤的质地和结构与土壤的水分、通气状况和温度状况有密切的关系。

土壤水分是影响土壤肥力的重要因素。土壤水分能直接被植物根系吸收，土壤水分的适量增加有利于各种营养物质的溶解和移动，改善植物的营养状况。水分过多或过少都会影响植物的生长。当水分过少时，植物会受干旱的威胁及缺氧；水分过多会使土壤中空气流通不畅并使营养物质流失，从而降低土壤肥力，或使有机质分解不完全而产生一些对植物有害的还原物质。最适宜树木根系生长的土壤含水量约等于土壤最大田间持水量的60%～80%。当土壤含水量降至某一限度时，即使温度和其他因子都适宜，根系生长也会受到破坏，植物体内的水分平衡会被打破。通常，落叶树在土壤含水量为5%～12%（葡萄5%、桃7%、梨9%、柿12%）时叶片凋萎。在土壤干旱时，土壤溶液浓度增高，根系非但不能正常吸水反而会出现水分外渗现象，所以施肥后应立即灌水以维持正常的土壤溶液浓度。据研究，根在干旱状态下受害，远比地上部分出现萎蔫要早，即植物根系对干旱的抵抗能力要比叶片低得多。但轻微的干旱对根系的生长发育有好处，轻微的干旱可以改变土壤的通气条件，抑制地上部分生长，使较多的养分优先供于根群生长，促使大量新根形成，从而有效利用土壤水分和矿物质，提高根系和植物的耐旱能力。在园林植物栽培中，常常采用"蹲苗"的方法促使植物发根，提高抗旱能力。

土壤通气不良会抑制好气性微生物，减缓有机物的分解活动，使植物可利用的营养物质减少，不利于植物生长；但过分通气又会使有机物的分解速率太快，使土壤中腐殖质数量减少，不利于养分的长期供应。良好的土壤应该具有适当的孔隙度。当土壤通气孔隙度减少到9%以下时，根会因严重缺氧而进行无氧呼吸，产生并积累酒精，引起根中毒死亡。同时，由于土壤氧气不足，土壤内微生物繁殖受到抑制，靠微生物分解释放的养分减少，土壤有效养分含量降低，植物对养分的利用就会受到影响。各种植物对土壤通气条件的要求不同，如可生长在低洼水沼地的越橘、池杉忍耐力最强，而生长在平原和山上的桃、李等对缺氧反应最敏感。

土壤温度能直接影响植物种子的萌发和实生苗的生长，还会影响植物根系的生长、呼吸能力等。大多数植物在 10～35 ℃的温度范围内生长速度随温度的升高而提高。温带植物的根系在冬季因土温太低而停止生长。土温太高也不利于根系或地下贮藏器官的生长。土温太高或太低都能降低根系的呼吸能力，如在土温低于 10 ℃和高于 25 ℃时，向日葵的呼吸作用都会明显减弱。

土壤肥力是指土壤能及时满足植物对水、肥、气、热等要求的能力，它是土壤理化和生物特性的综合反映。植物的根系总是向着肥多的地方生长，即趋肥性。在土壤肥沃的条件下，根系发达，细根多而密，生长活动时间长。相反，在瘠薄的土壤中，根系瘦弱，细根稀少，生长活动时间较短。因而，施用肥料可以促进植物的生长发育。在一般情况下，当土壤含氧量在 12%时，根系才能正常地生长和更新。所以大多数植物要求在土质疏松、深厚肥沃的壤质土壤中生长。壤质土的肥力水平高，微生物活动频繁，能分解出大量的养分，且保肥能力强；同时，深厚的土层又有利于根系向下生长，使根系分布更深，抗逆性更强。植物种类繁多，喜肥耐瘠能力各不相同。根据对土壤肥力要求的不同，植物可分为耐瘠薄植物、喜肥植物和中土植物三类。耐瘠薄植物如马尾松、油松、刺槐、榾木等，可以在土质较差、肥力较低的土壤中栽植。喜肥植物如梅花、梧桐、榆树、槭树、核桃等应栽植在深厚、肥沃和疏松的土壤中，否则会生长不良。当然，耐瘠薄植物如栽植在深厚、肥沃的土壤中则会生长得更好。

（二）土壤的化学性质对园林植物的影响

土壤酸碱度是土壤最重要的化学性质，对土壤养分有效性有重要影响，在 pH 值为 6～7 的微酸条件下，土壤养分有效性最高，最有利于植物生长。酸性土壤易引起磷、钾、钙、镁等元素的短缺，强碱性土壤易引起铁、硼、铜、锰、锌等的短缺。土壤酸碱度还通过影响微生物的活动而影响养分的有效性和植物的生长。pH 值为 3.5～8.5 是大多数维管束植物的生长范围，但其最适生长范围要比此范围窄得多。当 pH 值小于 3 或大于 9 时，大多数维管束植物便不能生存。根据所生存环境的土壤酸碱度，植物可划分为酸性土植物、碱性土植物和中性土植物，如表 1-3 所示。

表 1-3　按所生存环境的土壤酸碱度不同的植物分类

类型	特征	种类
酸性土植物	酸性土植物在土壤 pH 值小于 6.5 时生长最好，在碱性土或钙质土中不能生长或生长不良。酸性土植物主要分布于暖热多雨地区，由于盐质如钾、钠、钙、镁被淋溶，铝的浓度增加，所以这些地区的土壤呈酸性	马尾松、池杉、红松、白桦、山茶、油茶、映山红、高山杜鹃、吊钟花、栀子、印度橡皮树、桉树、木荷、含笑、红千层等树种，以及多数兰科、凤梨科花卉等
中性土植物	中性土植物适合生长在 pH 值为 6.5～7.5 的土壤中，大多数园林树木和花卉是中性土植物	水松、桑树、金鱼草、香豌豆、风信子、郁金香
碱性土植物	碱性土植物适合生长于 pH 值大于 7.5 的土壤中，大多数是大陆性气候条件下的产物，多分布于炎热干燥的气候条件下	柽柳、杠柳、沙棘、桂香柳等

此外，我国还有大面积的盐碱地，其中大部分是盐土，真正的碱土面积较小。真正的喜盐植物很少，但有不少树种耐盐碱能力强，可在盐碱地区用于园林植物景观营造。常见的耐盐碱园林植物有柽柳、侧柏、铅笔柏、白榆、榔榆、银白杨、新疆杨、苦楝、白蜡、绒毛白蜡、桑树、旱柳、臭椿、刺槐、杜梨、皂角、山杏、合欢、枣树、迎春、

榆叶梅、紫穗槐、文冠果、枸杞、火炬树、桂香柳、沙棘及白刺等。

土壤有机质是土壤的重要组成部分，能促进植物的生长和植物对养分的吸收。植物所需的无机元素主要来自土壤中的矿物质和有机质的分解。通过合理施肥改善土壤的营养状况是促进植物生长的重要措施。

六、其他环境因素

（一）地形地势

公园的地形地势比较复杂，特别是山地公园。海拔、坡向、坡度的变化会引起光照、温度、水分及养分的重新分配。

海拔影响温度、湿度和光照。一般海拔每升高 100 m，气温降低 0.6 ℃。在一定范围内，降雨量也随海拔的增高而增加。另外，海拔升高则日照增强，紫外线含量增加，故高山植物生长周期短，植株矮小，但花色艳丽。

坡度和坡向会造成大气条件下水分和热量的再分配，形成不同类型的小气候环境。通常阳坡日照长，气温和土温较高，但蒸发量大，大气和土壤干燥；阴坡日照时间短，气温和土温较低，大气和土壤较湿润。因此，人们在不同的地形地势下配植植物时，应充分考虑地形地势造成的温度、湿度上的差异，同时应结合植物的生态特性。在北方，由于降水量少，所以土壤的水分状况对植物生长影响极大。在北坡可以生长乔木，植被繁茂，甚至一些喜光树种亦生于阴坡或半阴坡；由于南坡水分状况差，所以仅能生长一些耐旱的灌木和草本植物。但是在雨量充沛的南方，阳坡的植被非常繁茂。此外，不同的坡向对植物冻害、旱害等亦有很大的影响。

（二）热岛效应

城市内人口和工业设施集中，产生大量热量，建筑物表面、道路路面在白天阳光下大量吸收太阳热能，到晚上又大量散热，同时由于工业产生的二氧化碳和尘埃在城市上空聚集形成阻隔层，阻碍热量的散发，因此城市气温明显高于农村。据调查，城市年平均气温要比周围郊区高 0.5～1.5 ℃。

由于城市气温要高于自然环境，春天来得早，秋天去得晚，因此无霜期延长，极端气温趋向缓和。但这些有利于植物生长的因素往往会因为温度过高、湿度降低而变成不利因素。炎热的夏天，由于热岛效应，气温升高，会影响植物生长。另外，由于昼夜温差缩小，夜间呼吸作用旺盛，大量消耗养分，影响养分积累。在冬季，低温锻炼时间的缺乏，加之高层建筑的"穿堂风"，容易引起树木枝干局部受冻，给树种选择带来一定的困难。

第四节　园林植物栽培与养护基础

一、园林植物栽培与养护的任务及设施

（一）园林植物栽培与养护的任务

加强园林植物栽培与养护是园林工作的关键。园林植物栽培与养护的任务主要有以下三个方面：

第一，加强对现有园林植物的管理，使现有的园林植物能够健康生长，充分发挥其应有的生态效益、社会效益和经济效益。

第二，在保护现有园林植物和园林区域的基础上，为扩大绿地面积、提高绿化覆盖率做打算。

第三，通过现代化的科学技术手段和仪器，努力培育出具有更好的生态效益、社会效益和经济效益的园林植物，让园林植物的范畴更加广泛，让园林植物的作用更加明显，让人们生存的环境更加美好。

（二）园林植物栽培与养护的设施

园林植物栽培与养护设施是指人为建造的适合或保护不同类型的园林植物正常生长发育的各种建筑及设备，主要包括温室、塑料大棚、荫棚等。

园林植物栽培与养护设施，可在不适于某类园林植物生态要求的地区和不适于园林

植物生长的季节进行生产，不受地区、季节的限制，满足人们一年四季对各种园林植物的需求。

1.温室

温室是指具有透光、防寒、加温设备，能通过人工调节控制光、温、水、气等环境因子的保护设施。温室是园林植物苗木栽培的主要设施之一，比其他栽培设施（如冷床、温床、荫棚等）对环境因子的调解与控制能力更强、更全面，是比较完善的保护地类型。园林植物工厂化、现代化和商品化生产，有赖于现代温室设备的智能化、大型化、机械化和自动化。

现代温室又称连栋式温室或智能温室，是栽培设施中的高级类型，设施内的环境实现了自动化控制。此设施内的植物生长基本不受外界环境的影响，能全年全天候进行生产，适用于鲜切花生产、名特优盆花等园林植物的工厂化生产。

常见的温室有以下两种：

（1）屋脊形温室

屋脊形温室主要分布在欧洲，以荷兰为最，代表型为荷兰的芬洛型温室。屋脊形温室的骨架采用钢架和铝合金构成，透明覆盖材料是玻璃，单间跨度为 6.4 m、8 m、9.6 m 或 12.8 m，具有用钢量少、透光率高等优点，但造价较高。

（2）拱圆形温室

拱圆形温室广泛应用于法国、以色列、美国、西班牙、韩国等国家，我国目前自行设计建造的现代化温室也多为拱圆形温室。

拱圆形温室以塑料薄膜为透明覆盖材料，框架结构简单，材料用量少，建造成本低，有单层膜和双层充气膜两种类型。双层充气膜温室保温性好，但透光性差，光照弱的地区不宜使用。

2.塑料大棚

塑料大棚育苗在保护地栽培中是保温效果较差的一种，但也有一定的保护作用，是应用较为普遍的保护措施，具有提高温度、保持湿度、降低风速、明显改善苗木的生长环境、促进苗木生长的作用。

目前，塑料大棚的种类较多。根据大棚的屋顶形状，其可分为拱圆形和屋脊形两种；根据大棚的材料结构，其可分为全木结构、全竹结构、全钢结构、竹木结构、铁木结构等多种；根据栋数多少，其可分为单栋大棚和连栋大棚；根据利用时间长短，其可分为季节性和周年性大棚。各地可结合当地的自然条件、材料来源和经济情况，以经济实用为原则，选择适合园林植物育苗的大棚类型。

3.荫棚

荫棚是培育园林植物苗木的重要设施，其功能有避免阳光直射、降低温度、增加湿度、减少蒸腾等。

荫棚的种类和形式很多，可分为永久性荫棚与临时性荫棚两种。永久性荫棚的棚架材料多为水泥钢筋预制梁或钢管等，一般高 2～3 m，宽 6～7 m，它的长度根据需要而定。用于扦插及播种的临时性荫棚较低矮，一般高 50～100 cm，宽 50～100 cm，长度也根据需要而定，且多以竹材作为棚架。

常用的遮阳材料包括苇帘、竹帘、遮阳网等。遮阳材料要求有一定的透光率、较高的反射率和较低的吸收率。我国目前使用的遮阳网多由黑色或银色聚乙烯薄膜编织而成，且中间缀以尼龙丝以提高强度，遮光率有 20%～90%的不同规格。

二、我国园林植物栽培与养护简史、现状与前景

（一）我国园林植物栽培与养护简史

我国国土辽阔，地跨寒、温、热三带，山岭逶迤，江川纵横，奇花异草繁多，园林植物资源极为丰富，是世界园林植物重要的发祥地之一，各国园林学界、植物学界对我国的园林资源评价极高。

我国园林植物栽培与养护的历史十分久远，可追溯到数千年前。原产我国的乔灌木种有 8 000 多种，在世界园林树木中占有很大比例。许多著名的观赏植物，都是由我国勤劳、聪明的劳动人民培育出来的，并很早就传至世界许多国家或地区。在数千年的历史中，劳动人民积累了非常丰富的园林植物栽培与养护经验。历代王朝在宫廷、寺庙、陵墓大量种植树木和花草，至今仍留存的千年以上的古树名木不在少数。例如：我国桃花的栽培与养护历史达 3 000 年以上，有上百个品种，在公元 300 年时传至伊朗，后又辗转传至德国、西班牙、葡萄牙等国，至 15 世纪又传入英国；梅花在我国的栽培与养护历史也达 3 000 余年，有 300 多个品种，在 15 世纪时先后传入朝鲜、日本，至 19 世纪时传入欧洲；号称"花王"的牡丹，其栽培与养护历史达 1 400 余年，远在宋代品种就多达 600 种，连同月季在 18 世纪先后传至英国。

我国还存有一些极为珍贵的植物种，有许多植物是仅产于我国的特产科、属、种，如素有"活化石"之称的银杏、水杉及金钱松、珙桐、喜树等。此外，我国尚有在长期栽培与养护中培育出的独具特色的品种及类型，如黄香梅、龙游梅、红花檵木、红花深山含笑、重瓣杏花等。这些都是非常珍贵的种质资源。

我国不仅园林植物的种质资源十分丰富，而且在长期引种栽培、选种繁育园林植物方面，积累了丰富的实践经验和科学理论。无数考古事实说明，中华先民在远古时代就有当时居于世界前列的作物栽培与养护技术和高超的审美能力。

早在春秋战国时期，已有关于野生树木形态、生态与应用的记述。秦王嬴政在京都长安、骊山一带修建上林苑、阿房宫，大兴土木，广种各种植物，开始园艺栽培与养护。

汉代以后，随着生产力的发展，园林植物的栽培与养护由以经济、实用为主，逐渐转向以观赏、美化为主，引种规模渐大，并将花木、果树用于城市绿化。关于园林植物的栽培与养护技术，北魏贾思勰撰写的《齐民要术》记载："凡栽一切树木，欲记其阴阳，不令转易。阴阳易位，则难生。小小栽者，不烦记也。大树髡之，不髡，风摇则死。小则不髡。先为深坑，内树讫，以水沃之，著土令如薄泥；东西南北摇之良久，摇则泥入根间，无不活者；不摇，根虚，多死。其小树，则不烦耳。然后下土坚筑。近上三寸不筑，取其柔润也。时时灌溉，常令润泽。每浇水尽，即以燥土覆之。覆则保泽，不然即干。埋之欲深，勿令挠动……"论述了园林树木的栽植方法。

隋、唐、宋时期，我国园林植物栽培与养护技术已相当发达，在当时世界上居于领先地位。唐朝是我国封建社会中期的全盛时期，观赏园艺日益兴盛，花木种类不断增多，寺庙园林及对公众开放的游览地、风景区都栽培了不少名木。宋代大兴造园、植树、栽花之风，同时撰写花木专谱之风盛行。

明、清两代在北京、承德、沈阳等地建立了一批皇家园林，在北京、苏州、无锡等城市出现了一批私家园林。前者要求庄严、肃穆，多种植松、柏、槐、栾，缀以玉兰、海棠；后者则注意四季特色与诗情画意，如春有垂柳、玉兰、梅花，夏有月季、紫薇，秋有桂花与红叶树种，冬有蜡梅、竹类等植物。

自明代以后，园艺商品化生产渐趋兴旺。河南鄢陵早在明代就以"花都"著称，这个地区的花农成功培育出多种绚丽多彩的观赏植物，在人工捏、拿、整形树冠技术上有独到之处，如用桧柏捏扎成的狮、象等动物至今仍深受群众喜爱。明代《种树书》中载有"种树无时，惟勿使树知""凡栽树不要伤根须，阔挖勿去土，恐伤根。仍多以木扶之，恐风摇动其巅，则根摇，虽尺许之木亦不活；根不摇，虽大可活，更茎上无使枝叶繁则不招风"，说明了园林树木栽植时期的选择、挖掘要求和栽后支撑的重要性。清初陈淏子《花镜》介绍了植物催花技术，即用硫黄水或马粪水灌根，可使植物提早 2～4 天开花。

我国历代园林植物栽培与养护方面的著作有很多，如晋代戴凯的《竹谱》是世界上最早的观赏植物的著作，宋代范成大的《梅谱》、王观的《扬州芍药谱》、陈思的《海棠谱》、欧阳修的《洛阳牡丹记》、刘蒙的《刘氏菊谱》，明代张应文的《兰谱》，清代陈淏子的《花镜》等，都详细地记载了多种植物的栽培与养护方面的技术。

（二）我国园林植物栽培与养护现状

近年来，随着城乡园林绿化事业的发展，园林植物栽培与养护技术不断进步。随着科技的发展，一些新知识、新技术、新材料也不断应用到园林植物栽培与养护中，大大推进了园林式城市建设的进程。全国各地广泛开展了园林植物的引种驯化工作，使一些植物的生长区向南或向北推移。塑料工业的发展使园林植物的保护地栽培得到了较大发展，简易塑料大棚和小棚的应用使鲜花生产和苗木的繁殖速度得到了提高，使一些难以繁殖的珍贵花木在塑料棚内获得了较高的生根率，使繁殖不太困难的植物延长了繁殖时期，缩短了生根期，降低了苗木生产成本。间歇喷雾的应用，使全光照扦插得以实现。生长激素的推广使苗木的繁殖进入一个新时期。种质资源的调查研究，使一些野生园林植物资源不断地被发现和挖掘，如金花茶、红花油茶、深山含笑等。

我国对园林绿地的保护和建设的重视不仅表现在建设城市公园、风景区、休养区、疗养区等方面，还表现在对居民小区、工业区、公共建筑和街道、公路、铁路等的绿化上。20 世纪 90 年代，我国开始推行国家园林城市建设活动，在园林绿化的规划和建设上，充分体现以人为本的理念，苏州、大连等 20 多个城市相继进入国家园林城市行列，同时越来越多的单位也被命名为园林式单位。

我国园林植物栽培与养护具有悠久的历史，并积累了丰富的栽培与养护经验，但目前的栽培与养护水平与世界先进水平相比，仍有一定的差距，这表现在：①生产专业化、布局区域化、市场规范化、服务社会化的现代化产业格局还没有真正形成；②科研滞后生产、生产滞后市场的现象还相当突出；③无论是产品数量还是产品质量都远不能满足社会日益增长的需要，与社会主义市场经济不相适应。所以，园林植物的栽培与养护应在继承历史成功经验的同时，借鉴世界先进经验与技术，站在产业化的高度，利用我国丰富的园林植物资源，推进商品化生产，使其为我国社会主义精神文明建设和物质文明建设服务。

（三）我国园林植物栽培与养护前景

我国园林植物栽培与养护的发展趋势如下：①保护地栽培技术被广泛应用，生产逐步走向温室化、专业化；②大树移植技术、古树名木更新复壮技术趋于完善；③激素促进栽植成活技术在生产上的应用越来越广泛，比如抗蒸腾剂是一种极好的抗干燥剂，它的使用可以大大提高阔叶树带叶栽植的成活率；④施肥采用新方法、新肥料；⑤修剪则由人工修剪转向机械修剪、化学修剪；⑥灾害防治强调综合治理、生物防治。

当前，我国的园林事业正在以前所未有的速度发展，社会对初、中、高级人才的需求也越来越多。全国许多高等院校、中等职业学校都设立了园林专业，许多城市还设立了园林研究所。这些都将对我国园林事业的发展起到强有力的推动作用。

第二章 园林植物栽培技术

第一节 乔灌木栽植技术

一、乔灌木栽植基础

（一）园林树木栽植概念

栽植是将树木从一个地点移植到另一个地点，并使其保持继续正常生长的操作过程，包括起挖、搬运、种植三个基本环节。起挖是将树木从生长地连根挖起来。搬运是将挖出的树木运到栽植地点。种植是按设计要求将树木放入事先挖好的坑（穴）中，使树木的根系与土壤紧密接触。依据种植时间长短和地点的变化，园林树木种植可分为假植、寄植、移植和定植。

1.假植

假植指苗木出圃后如不能及时栽植，则短时间或临时性把起挖的苗木根系埋入湿润的土壤中，防止苗木根系失水、失去活力的操作过程。

2.寄植

寄植指在建筑或园林基础工程尚未结束，而结束后又需及时进行绿化施工的情况下，为了贮存苗木，促进生根，将植株临时种植在非定植地或容器中的方法。寄植比假植的要求高，一般是在早春树木发芽前，人们按规定挖好土球苗或裸根苗，在施工现场附近进行相对集中的培育。

3.移植

苗木栽植在一个地方，生长一段时间后仍需移走，此种栽植称为移植。

4.定植

定植是指按设计要求将树木栽植在计划位置后使其永久性地生长在栽种地。

在园林树木的栽植过程中，一定要采取有力措施，以保持和恢复树体的水分平衡。一方面，要尽可能多地带根系；另一方面，必须对树冠进行相应的、适量的修剪，减少地上部分的蒸发量，最大限度地维持根冠水分代谢平衡。要想保证栽植的树木成活，就要做到以下三点：第一，要缩短起苗、运苗和栽植的时间，严格保湿、保鲜，防止苗木过度失水，保证树木有较强的生活力和发根能力；第二，要采取措施促进苗木伤口愈合及发出更多新根，尽快恢复和增强根系的表面吸收能力；第三，在栽植中要使树木根系与土壤密切接触，并立即浇水，使水分能顺利进入树体，恢复树体的水分代谢平衡。

（二）栽植季节

1.春季栽植

园林树木的根系在早春先于地上部分开始活动。由于春季气温不断回升、地温转暖、雨水较多、空气湿度大、土壤水分条件好，有利于根系的主动吸水，符合先长根后发枝叶的物候顺序，因此春季是我国大部分地区的最佳栽植时期。此期在土壤化冻后至树木发芽前，只要便于施工就应尽早栽植。最好的栽植时期是在树木新芽开始萌动前的两周或数周。特别是落叶树种，一定要在新芽开始膨大或新叶开放前栽植，否则易导致枯萎死亡。但春季栽植适宜期短，要安排好栽植的先后顺序，发芽早的先栽植，发芽晚的可以适当晚栽。

春季栽植持续时间较短，一般为2~4周。华北、东北地区多在3月上中旬至4月中下旬栽植。华东地区的落叶树种在2月中旬至3月下旬栽植最佳。

2.夏季栽植

夏季园林树木生长旺盛、枝叶蒸腾量大，根系须吸收大量水分，而此季节土壤水分蒸发作用很强，易干燥缺水，栽植后树木在数周内易受旱害，所以夏季栽植成活率往往不高。但在华北、西北及西南等春季干旱的地区，可以在雨季进行栽植，成活率较高。如果有特殊工程需要，必须在夏季栽植，则要采取带土球栽植，栽后定时进行树冠喷水和树体遮阴，这样可获得较高的成活率。

3.秋季栽植

秋季气温逐渐下降，土壤水分状况好。春季严重干旱、风沙大的地区，秋季栽植较好，但易发生冻害和冷害的地区不适合进行秋季栽植。

秋季栽植时期为落叶盛期以后至土壤冻结之前，实践证明可以在秋季带叶栽植，栽后愈合发根快，翌年萌芽早。但带叶栽植不能太早，应在大量落叶时开始，以免因枝叶过多失水而降低成活率。在气候比较温暖的南方地区，由于气温较适宜，树体根部被切断后能尽早愈合，并有新根生出。华东地区的秋植，可延至 11 月上旬至 12 月中下旬。早春开花的树种应在 11 月前栽植。

4.冬季栽植

南方冬季比较温暖，土壤不冻结，可以进行冬季栽植。北方或高海拔地区，土壤冻结、天气寒冷，通常不宜进行冬季栽植。但在冬季严寒的华北北部、东北大部分地区，由于土壤冻结较深，可以采用带冻土球的方法栽植大树。

（三）栽植深度

栽植深度应以新土下沉后，树木基部原来的土痕与地面相平或稍低于地面 3～5 cm 为准。栽植过浅，根系受风吹日晒，容易干燥失水，抗旱性差。栽植过深，树木生长不旺盛，根系容易窒息死亡，或在几年内死亡。苗木栽植深度因树木种类、土壤质地、地下水位和地形地势的不同而不同。一般发根能力强的树种，如杨、柳、杉木等和穿透力强的树种，如悬铃木、樟树等可适当深栽，榆树可以浅栽。土壤黏重、板结应浅栽，质地疏松可深栽。土壤排水不良或地下水位过高应浅栽，土壤干旱、地下水位低应深栽。坡地可深栽，平地和低洼地应浅栽，甚至有时需要抬高栽植。一般南方雨水丰富可浅栽，北方较干旱常深栽。此外，在确定栽植深度时，还应注意新栽植地的土壤与原生长地的土壤差异。如果树木从原来排水良好的立地移栽到排水不良的立地上，则其栽植深度应比原来浅 5～10 cm。

二、乔灌木裸根栽植

（一）乔灌木裸根苗起苗操作

裸根起苗是指将树木从土壤中挖出后根系裸露、不带土壤的方法，是为了给移植苗木提供良好的成活条件，使其在尽可能小的挖掘范围内保留尽可能多的根系。

1.起苗前的准备工作

（1）选苗

为了提高苗木移植的成活率和满足园林设计的要求，在移植前相关人员要按设计要求和苗木选择标准进行苗木的选择,用油漆、记号笔等在选定的苗木的一个方向做标记,称为"号苗"。如果土壤干旱,则应在起苗前几天进行灌水,使土质变软,以利于起苗并能多带根系。

（2）拢冠

对枝条分布较低、枝条长而柔软、冠丛较大、带刺的树木,为方便挖掘操作、保护树冠,同时方便运输,应先用草绳将树冠及侧枝拢起,分层在树冠上打几道横箍,捆住树冠的枝叶,然后用草绳自下而上将横箍连接起来,使枝叶收拢,捆绑时要松紧适度,不能折伤侧枝。

此外,在起苗前相关人员要准备好起苗工具,如铁锹、手锯、剪枝剪等,还要准备草绳、草袋等包扎材料。挖掘机、吊车等要检修合格。

2.起苗

通常,在起苗时,苗木所带根系范围越大,保留的根系就越多,栽植成活率就越高,但操作越困难,挖掘和运输成本越高。裸根起苗适用于胸径不超过 10 cm 的休眠期的落叶乔木、灌木,且应在春季解冻以后、发芽以前进行。

落叶乔木和灌木的裸根起苗所需工具少,使用材料不多,方法简单,成本较低,但损伤根系较多,特别是须根损伤更多。起苗后的苗木根系裸露在外,易失水干燥,应防止日晒,并进行保湿处理。

如果不能及时运走起山的苗木,则应将其放在原土穴内假植,并将根系用湿土盖好。如果放置时间过长,则应该视土壤的湿润度适当灌水,保持土壤的湿度,以免降低苗木的成活率。

裸根起苗的规格是要保证树木的根系有一定的幅度和深度,起苗的深度在根系主要分布层以下,多数乔木树种深度为 60～90 cm。当人工起苗时,相关人员应以树干为圆心,其中乔木以树木胸径的 4～6 倍为半径画圆,灌木以株高的 1/3 为半径画圆,以圆形绕树一周向外垂直挖掘到一定深度,并切断外围侧根;再从侧面向内深挖,适当晃动树干。如遇直径为 3 cm 以上的粗根,则要用锋利的铲子或手锯锯断,不要强拉或硬切,防止造成主根的劈裂。要保证切口平整,尽量减少对根系的损伤。在根系全部切断后,可轻拍去掉根系外围土块,同时对已经劈裂的根系作适当修剪,尽量保留须根。可将根系蘸上泥浆,或者保留一些根系内的护心土。

（二）苗木运输及假植

1.苗木运输

起苗技术要求遵循"随起苗、随包装、随运输、随栽植"的原则，要以最短的时间将苗木运到栽植地进行栽植。

在装车前，相关人员首先要检查苗木的质量，对损伤过度、栽植不能成活的树木予以淘汰，并再次核对苗木的数量、种类及规格是否符合要求。在车厢底部应垫好草袋或其他软物，避免苗木与车厢摩擦，损伤苗木。在装车时要将苗木根系向前，树梢向后，按一定顺序轻轻放好，不能压得太紧。在装车时，应注意树干与车厢接触处要用软物垫起，树梢不要拖地；根部要保持湿润，并用苫布盖严捆好。在苗木运输过程中，要有专人跟车押运。如运输距离较短，则要尽快运到栽植地，中途不要停车，并在运到后及时卸车。如运输距离较长，苗木易被风吹干，押运人员要定期检查，及时为苗木浇水，当中途休息时要将运苗车停在庇荫处。在苗木运到后，要立即检查苗木根系情况，若根系较干要浸水 1～2 天。目前在远距离、大规格裸根苗的运输中，人们已采用集装箱运输，既简便又安全。

在卸车时相关人员要按顺序从上到下分层卸下苗木，不能抽取苗木，以防损伤苗木；要小心轻放，杜绝装卸过程中乱堆乱放的野蛮作业。

2.苗木假植

虽然在园林绿化施工中，要求相关人员在苗木运到前就做好栽植前的各项准备工作，苗木运到后当天就要栽植，但有时出于某种原因，如栽植穴没有挖好、劳动力不足等，运到的苗木不能立即栽植，因此需要将这些苗木进行假植。如果假植不超过一天，则相关人员可以选择临时放置，将苗木根部先用水喷湿，然后用苫布或草袋等盖好。由于春季风大，所以在干旱风大地区相关人员应在栽植地附近挖沟，将苗木单株依次摆好，并将根部用湿土假植起来。如果需要长时间假植，则假植地应选在不影响施工的工地附近，在背风处挖假植沟，沟的长度视假植苗木的数量而定，沟宽 1.5～2 m，深 30～50 cm，迎风一面挖成 30° 斜坡，相对一面垂直，或视苗木大小而定，将苗木按不同品种，树梢顺当地风向，逐株单行摆放在假植沟中，用挖出的疏松土壤将苗木根部埋好，并使根系间充满土壤，依次一行行假植好。如果土壤过于干燥，则要适当浇水，但不可过湿，以免影响下一步的栽培操作。

（三）定点放线

定点放线即在现场测出苗木种植位置和株行距。由于树木种植方式各不相同，定点放线的方法也有很多种，常用的有以下三种：

1.自然式配置乔灌木放线法

（1）坐标定点法

相关人员根据植物配置的疏密度，先按一定的比例在设计图及现场分别打好方格，在图上用尺量出树木在某方格的纵横坐标尺寸，再按此位置用皮尺标示在现场相应的方格内。这就是坐标定点法。

（2）仪器测放法

相关人员用经纬仪等仪器依据地上的原有基点或建筑物、道路将树群或孤植树依照设计图上的位置依次定出每株树的位置。这就是仪器测放法。

（3）目测法

对于设计图上无固定点的绿化种植，如灌木丛、树群等，相关人员可用上述两种方法划出树群的种植范围，其中每株树木的位置和排列可根据设计要求在所定范围内用目测法进行定点。在定点时，相关人员应注意植株的生态要求并注意自然美观。在定好点后，应采用白灰打点或打桩，标明树种、种植数量（灌木丛群）、穴径。

2.规则式配置（行列式）放线法

对于成片整齐式种植或行道树，可用仪器和皮尺定点放线，定点的方法是先以绿地的边界、园路和小建筑物等的平面位置为依据，量出每株树木的位置，钉上木桩，写明树种名称。要求横平竖直、整齐美观，为此可以地面固定设施为准来定点放线。

一般行道树的定点是以路牙或道路的中心为依据，相关人员可用皮尺、测绳等，按设计的株距，每隔 10 株钉一木桩作为定位和种植的依据。在定点时，如遇电杆、管道、涵洞、变压器等物，则应躲开，不应拘泥于设计的尺寸。

3.等距弧线放线法

若树木种植为一弧线（如街道曲线转弯处的行道树），相关人员在放线时应以路牙或中心线为准。为此，可从弧的开始到末尾，每隔一定距离分别画出与路牙垂直的直线，在此直线上，按设计要求的树与路牙的距离定点，把这些点连接起来，就成为近似道路弧度的弧线，于此线上再按株距要求定出各点来。

在定点放线后，相关人员应验点，合格后方可施工，否则返工。

（四）挖穴

为使树木的根系有一个良好的生长环境，种植穴的规格要严格按照设计的要求，过深或过浅都会阻碍树木的生长，其要有足够的大小，可容纳树木的全部根系并使根系舒展开。

在挖穴时，相关人员应以定点为圆心，以规定的穴径画圆。然后沿所画线垂直向下挖掘，将表土、心土分开放，同时拣净石块、草根等。一般穴径和穴深要比根幅与根系大 20～30 cm。如果土壤贫瘠、坚硬，则需要换土或施肥到栽植地上，所挖树穴要加大加深。穴壁上下大体要垂直，切忌挖成锅底形或 V 字形。含有建筑垃圾的土壤、盐碱土、重黏土、沙土及含有其他有害成分的土壤，应根据设计规定全部或部分用种植土加以更换。

在挖穴时，如发现电缆、管道，相关人员应停止操作，并及时与设计人员及有关部门商讨解决。

（五）配苗或散苗

配苗的目的是按设计要求将运来的准备栽植的苗木再分级，使苗木之间在栽植后趋于一致，以达到最佳景观效果。例如，当街道两侧的行道树树高、胸径都基本一致时，观赏效果好，美化效果突出。在进行乔木配苗时，苗木的一般高差不超过 50 cm，胸径差不超过 1 cm。

散苗是将苗木按图纸及定点木桩上标示，散放在栽植地的定植穴旁对号入座。在散苗时，相关人员要细心核对，避免散错，以达到设计的景观效果。散苗要与栽植同步，做到边散边栽、散完栽完，尽量减少树木根系暴露在外的时间，以减少树木的水分消耗，提高栽植成活率。

（六）栽前修剪

苗木在出圃时已经过修剪，但在装车、运输和卸车过程中，苗木还是会有不同程度的损伤。所以，在栽植前，相关人员要对苗木进行适当修剪，以减少树体水分蒸发，维持树势平衡，以利于苗木的成活。修剪量根据不同树种及不同景观的要求而不同。例如，行道树树体高大，在栽植后修剪费时、费工，因此通常在栽植前进行一次修剪。

1.地上部分修剪

乔灌木地上部分的修剪应注意以下几点：

第一，注意剪除衰老枝、病枯枝、纤细枝及受伤枝。对长势较强、萌芽力强的树种，如杨、柳、榆、槐、悬铃木等可进行强修剪，树冠可以剪去 1/2 以上，以减轻根系负担，保持树体的水分平衡，减弱树冠招风、摇动，增强树体栽植后的稳定性。对中心主干明显的高大落叶乔木，应保持原有树形，适当疏枝，保留的主侧枝应在健壮芽上短截，剪去枝条的 1/5～1/3，其他侧生枝条可重截（剪短 1/2～2/3）或疏除。此种修剪既可保证成活率，又可保证树木在栽植成活后形成具有明显中心干的树形。对中心干不明显的树种，应选择直立枝代替中心干生长，通过疏剪或短截控制与直立枝条竞争的侧枝。对有主干无中心干的树种，可在主干上保留几个主枝，保持原有树形，进行短截。

第二，注意定干高度。例如，根据园林绿化设计要求，行道树主干高度在 2.5～3 m，第一主枝以上枝条应全部剪除，分枝点以上枝条视情况可进行疏剪、回缩或短截。

第三，对湿润地区带宿土的裸根树木，可不修剪，只修剪枯枝、病虫枝和折断枝。对分枝明显、新枝着生花芽的灌木，要顺应树势适当强剪，促进新枝生长，更新老枝。对枝条茂密的大灌木，要适当疏树。

2.地下部分修剪

裸根苗在运到栽植地后，在栽植前还会受到不同程度的损伤，因此相关人员要对根系进行适当修剪，主要是将断根、劈裂根、严重磨损根、生长不正常根、病虫根及生长过长的根系再次进行修剪，以利于栽植和栽植后根系的恢复。

（七）裸根苗木栽植

1.堆土丘

裸根苗木在栽植时，相关人员应在穴底堆一个 10～20 cm 厚土壤疏松的半圆形土丘。

2.放苗

首先，放苗于穴内，看根幅与穴的大小和深浅是否合适，如不合适，则要进行适当修整。进行行列式栽植时，应每隔 10～20 株在规定位置上栽一株"标杆树"。如苗木有弯干，则应使其弯向行内，并与"标杆树"对齐，左右相差不超过树干的一半，以达到整齐美观的效果。然后，将苗放于土丘上，使根系沿锥形土堆均匀地向四周自然散开，保证根系舒展，防止窝根；同时还要校正位置，如树木无冻害或无日灼现象，则应将树形及长势最好的一面朝向主要观赏方向。对易发生冻害的树木，在栽植时应保持原生长方向，如果将原来树干朝南的一面朝北，则冬季树皮易受冻害，夏季易遭日灼。

3.栽植

在栽植时，首先，填入细碎、湿润、疏松、肥沃的表土或营养土，确保与根部接触的土壤细碎、湿润，防止大土块挤压伤根和留下空洞。其次，分层回填土，填入一半深表土，轻轻抖动树木，并向上提苗，使根系截留的细土从根缝间自然下落，舒展根系且使根土密接，然后踩实。最后，填入底土踩实，再填土至地面，再踩实，比原地面深3～5 m。在填土时，应先填根层的下面或周围，逐渐由下至上、由外至内压实，不要损伤根系。如果土壤太黏，则不要踩得太紧，否则易造成通气不良，影响根系的正常呼吸。

4.围堰、浇水

在检查扶正树木后，相关人员应把余下的穴土绕根茎一周进行培土，做成环形的拦水围堰，其直径应略大于栽植穴的直径，高于地面10～20 cm。围堰土要拍紧压实，不能松散。在树木栽植后的24小时内必须浇上第一遍水，使土壤充分吸收水分，与树根紧密结合，以利于根系生长发育。隔4～5天浇第二遍水，以后视天气和土壤干湿情况再确定浇水次数。在浇水后，应及时对树穴补土、培土，扶正苗木。

5.清理栽植现场

对乔灌木进行裸根栽植后，即可对栽植现场进行清理，包括清理多余的土壤、涂根、石块等，对拢冠的树木去除绑缚物，清理修剪下的树枝，冲刷道路上的泥土，搬走不用的材料、工具。

三、乔灌木带土球栽植

（一）乔灌木带土球苗起苗

带土球起苗是指将苗木在一定根系范围内连土掘起，削成球状，并用包扎物将土球包装起来，连苗带土一起挖出的方法。由于在土球范围内须根未受伤，且带着部分原土，在栽植过程中水分损失少，有利于栽植后的生长。此法常用于常绿树、竹类和干径在10 cm以上的落叶大树及非适宜季节栽植的树木。带土球苗的土球直径一般为树干胸径的7～10倍，高度为土球直径的4/5以上。灌木类土球直径为冠幅的1/3～1/2，高度为土球直径的 4/5。

1.起苗前的准备工作

（1）选苗号苗

树木质量的好坏是影响栽植成活率的重要因素之一。为提高栽植成活率、最大限度地满足设计要求，在移植前相关人员必须对苗木进行严格的选择，并将选中的苗木挂号。

（2）拢冠

为减少起苗操作对起苗人员和苗木造成损伤，对于分枝低、侧枝分权角度大的树种，相关人员要用草绳将树冠拢起。

（3）准备工具

在起苗前，相关人员要准备好起带土球苗所需的铁锹、镐、剪枝剪、草绳、编织袋等工具。

2.起苗

第一，先以树干为圆心，以树干胸径的 7～10 倍为半径画圆，保证起出土球符合栽植标准，并将圆内上层疏松表土层除去，以不伤表层根系为准。为防止起苗时土球松散，如果土壤过于疏松，则应在起苗前 1～2 天浇透水，增加土壤的黏结力，以利于起挖。

第二，沿圆的外围边缘垂直向下挖沟，沟宽以方便起苗操作为宜，一般为 50～80 cm。随挖随修整土球表面，在起苗时要用剪枝剪或铁锹切断细根，对于直径在 3 cm 以上的大根要用手锯锯断，不能用铁锹硬切，以免震裂土球。根系伤口要平滑，大切面要消毒防腐。同时注意不要用脚踩踏和撞击土球边缘，以免损伤土球。要一直注意保护土球的完整性，直至挖到规定深度。当土球挖掘到规定深度后，球底先不挖通，用铁锹将土球表面铲平，并将土球修成上口稍大、下部稍小的苹果状。主根较长的树种土球呈倒卵形。土球的上表面中部稍高，逐渐向外倾斜，其肩部要圆滑，不留棱角，易于包扎。土球下部的直径一般不超过土球直径的 2/3。当自上而下修整土球至一半高时，应逐渐向内缩小至规定的标准。

在土球修好后，再慢慢由底圈向内掏挖。对直径小于 50 cm 的土球，可以直接将底土掏空，在剪除根系后，将土球抱出坑外包装。由于直径大于 50 cm 的土球太重，所以在掏底时应在土球下方中心保留一部分土球，以便在坑中包装。

3.苗木包装

如果所挖掘土球土质疏松，应在土球修平时拦腰横捆几道草绳，即内腰绳，此时要在坑内包扎，以免移动造成土球破碎。如果土质坚硬、运输距离较近或土球较小，则可以不打内腰绳。

土球直径为 30～50 cm 的要包扎，以确保土球不散，可用草绳上下缠绕几圈。在包扎时，先将土球放在蒲包、草袋、编织袋等包装材料上，然后将包装材料向上翻，包裹土球，再用草绳绕基干扎牢、扎紧。

有些带土球苗木还须捆纵向草绳。事先应将草绳浸湿浸透，防止当用力拥扎时草绳被拉断。捆纵向草绳的操作如下：首先在树干基部横向紧绕几圈并固定，然后沿土球垂直方向倾斜 30° 左右缠捆纵向草绳，拉紧并用木锤或橡胶锤敲打草绳，使草绳稍嵌入土中，以捆得更加牢固。一般每道草绳相隔 8 cm 左右，直到把整个土球捆完。如果运输距离较远，则应加大草绳捆绑的密度。

对于直径小于 40 cm 的土球，用一道草绳捆一遍，即"单股单轴"。对于直径大于 40 cm 的土球，用一道草绳沿同一方向捆两道，即"单股双轴"，或用两根草绳并排捆两道，即"双股双轴"。

灌木带土球起苗的包装与乔木带土球包装相同，小规格的可纵向打 3～4 箍草绳。

（二）苗木运输及假植

1.苗木运输

在苗木装车、运输、卸车、假植等各项工序中，相关人员要保证树木的树冠、根系、土球的完好，不应折断树枝、擦伤树皮或损伤根系。在带土球苗装车时，如果苗高不超过 2 m，就可以将其直立摆放在车上；对于苗高在 2 m 以上的，要平放或斜放在车上。在装车时，应将土球向车厢前、树冠向后码放整齐，同时要用木架或软物将树冠架稳、垫牢挤严。土球大的只码一层，土球小的可以码放 2～3 层，且土球之间必须码紧。在运输过程中，土球上不得站人和压放重物。

在将苗木运到栽植地后，要及时卸车。在卸带土球小苗时，要抱球轻放，不要提拉树干。在卸土球大的苗木时，可以将木板斜搭在车厢上，将土球苗移到木板上，使其顺势平滑，或用机械吊卸。注意不能滚卸，以免损坏土球。

2.苗木假植

不能立即栽植的苗木要假植。首先将苗木的树冠捆扎收缩起来，使各株树木的土球紧靠在一起，使各树冠也相互靠在一起。然后在土球上面盖一层壤土，填满土球间的空隙，再向树冠和土球上均匀地喷水，之后保持其湿润即可。也可以把带土球苗临时栽到绿地上，将土球埋入土中 1/3～1/2，株距视苗木假植时间长短和树木土球及树冠大小而定。一般土球与土球之间相距 15～30 cm 即可。在将苗木成行列式栽好后，浇水保持一定湿度即可。

（三）定点放线

行道树的定点放线比较特殊，下面以行道树为例进行介绍。由于道路绿化与市政、交通、沿途单位、居民等关系密切，栽植树木的位置除依据规划设计、与各部门的配合协商外，在定点后还要由设计人员验点。在定点时如遇下述情况，则要留出适当距离：对于道路急转弯处，在弯的内侧应留出 50 m 的空地不要栽树，以免妨碍司机视线；在交叉路口各边 30 m 内不要栽树；在公路与铁路交叉口 50 m 内不要栽树；在道路与高压电线交叉处 15 m 内不要栽树；在桥梁两侧 8 m 内不要栽树；在交通标志牌、出入口、涵洞、电线杆、车站、消火栓、下水口等处，定点都要留出适当距离，并尽量左右对称，须留出的距离根据需要而定，如交通标志牌周围须留出的距离以不影响司机视线为宜，出入口周围须留出的距离以人流量及车流量为依据而定。

（四）挖穴

在挖穴时，相关人员应以定点为圆心定穴位圈，穴径应比土球直径大 20～30 cm，穴深为穴径的 3/4，须换土的穴位要加大、加深。应垂直挖穴至规定深度，穴位大小、上下基本一致，穴底平坦、疏松，忌呈锅底形。

在挖穴时，要注意位置准确，规则式种植穴要做到横平竖直。在山坡上挖穴时，深度以坡的下沿为准。挖出的表土、心土及渣土应分别放置，如土质差则应进行土壤改良。在挖掘行道树树穴时，要把土壤放在两侧，以免影响视线瞄直，并随挖穴随栽植，避免夜间行人发生危险。施工人员在挖穴时如发现电缆和各种管线、管道，要及时与设计人员及有关部门协商解决。在栽植穴挖好后，监理或专门负责的技术人员应核对验收，若发现不合格之处，则应勒令返工。

（五）配苗、散苗

对于行道树苗，在栽植前要进一步按大小分级，以使所配的邻近苗木高度和胸径保持基本一致，如高度不同则可以从低到高或从高到低排列。对于常绿树，应把树形最好的一面朝向主要观赏面。对于树皮薄、树干外露的孤植树，要保持其原来的阴阳面。在散苗时要保护好土球，不要碰散土球。

（六）栽前修剪

在栽植前，相关人员要对带土球苗木地上部分和地下部分进行常规修剪。

（七）带土球苗栽植

对于带土球苗的栽植，应先确定已挖坑穴的深度与土球高度是否一致，在对坑穴作适当填挖调整后，再放苗入穴。在放入带土球苗后，先在土球四周下部垫入少量的土，使树木直立稳定，再剪开包装材料，将不易腐烂的材料全部取出。为防止栽后灌水时土壤塌陷导致树木倾斜，当填入表土至一半时，应用木棒将土球四周土砸实，再填土至地表并砸实，注意不要砸碎土球，要做好围堰，最后把拢冠的草绳等解开取下。在栽植后要立即浇水，并进行栽植现场的清理。

第二节　垂直绿化植物栽植技术

一、垂直绿化植物栽植基础

（一）垂直绿化的主要类型

垂直绿化是利用藤本植物攀缘建筑物的屋顶、墙面、连廊、棚架、灯柱、园门、篱垣、桥涵、驳岸等垂直立面的一种绿化形式。垂直绿化的主要类型有以下几种：

1.棚架绿化

棚架绿化是目前应用较广泛也是应用最早的垂直绿化形式之一，其主要分为两种类型。一类是以美化环境为主，以园林构筑形式出现的廊架绿化，其形式丰富多样，有花架、花廊、亭架、墙架、门廊架组合体等。它利用观赏价值较高的藤本植物在廊架上形成绿化空间，其枝繁叶茂、花果艳丽、芳香宜人，既为游人提供了遮阳场所，又为城市增加了亮点。另一类是以经济效益为主，以生态效益为辅的绿化形式，是在住宅中广泛应用的绿化形式之一，主要采用经济价值高的藤本植物如葡萄、猕猴桃、五味子等，既可以为庭院创造绿色空间、遮阳纳凉、美化环境，又可以兼顾经济效益。

若采用棚架绿化，要对垂直绿化植物的种类和花架大小、形状、材料等进行考虑，如：杆、绳结构的小型花架，宜配置蔓茎较细、体量较轻的植物；砖木及钢筋混凝土结构的大中型花架，宜配置寿命长、体量大的藤本植物；只用于夏季遮阳或临时性的花架，宜配置生长快的一年生草本植物或是落叶植物。此外，若垂直绿化植物为卷须类和吸附类垂直绿化植物，要在棚架上多设些间隔，便于植物攀缘；对于缠绕类及悬垂类植物，要有适宜的缠绕支撑物。

2.篱垣绿化

篱垣绿化是指利用藤本植物在栅栏、铁丝网、花格围墙上缠绕攀附，形成繁花满篱、枝繁叶茂、叶色秀丽的景象。篱垣绿化可使篱垣显得亲切和谐。在栅栏、花格围墙上使用带刺的藤本植物，使其攀附其上，既能美化环境，也能起到防护作用。篱垣绿化常用的植物有藤本月季、云实、金银花、扶芳藤、凌霄等。

3.园门绿化

园门绿化是指利用藤本植物，将城市园林和庭园中各式各样的园门进行绿化，以增加园门的景观效果。园门绿化可以用木香、紫藤、木通、凌霄、金银花、金樱子、蔓性蔷薇、络石、爬山虎等，使其缠绕、吸附或人工辅助攀附在门廊上；也可以人工造型，让其枝条自然悬垂，使园门繁花似锦、情趣更加浓厚，从而吸引游人观赏。

4.驳岸绿化

驳岸绿化是指在驳岸旁种植藤本植物（如爬山虎、紫藤、迎春、常春藤、络石等），利用它们的枝条、叶蔓绿化驳岸。

5.护坡绿化

大自然中的悬崖峭壁、土坡岩面以及城市道路两旁的坡地、堤岸、桥梁护坡和公园中的假山，可以用藤本植物覆盖，起到绿化美化作用，同时可以防止水土流失。常用的藤本植物有爬山虎、葛藤、常春藤、蔓性蔷薇、薜荔、扶芳藤、迎春、迎夏、络石等。如在花台上种植迎春、枸杞等蔓生类藤本，其绿枝如美妙的挂帘；在黄土坡上栽植藤本植物，起到覆盖裸露的地表、美化坡地和固土的效果；在假山石上覆盖藤本植物，可使山石与周围环境巧妙地过渡。在栽植护坡绿化植物时，要避免过分暴露，又不能覆盖过多，要达到若隐若现的效果。

6.住宅垂直绿化

随着城市越来越多的高层建筑拔地而起，阳台和窗台成为楼层的半室外空间，它们是人们在室内与外界自然接触的媒介，也是室内外的节点。在阳台、窗台上种植藤本植物，既可以使高层建筑的立面有绿色的点缀，也可以装饰门窗，增添生活环境的美感。阳台绿化的方式多种多样，如：可以将绿色藤本植物引向上方阳台、窗台，构成绿幕；可以向下垂挂，形成绿色垂帘；也可附着于墙面，形成绿壁。住宅阳台一般光照充足，宜选用喜光照、耐旱、根系浅、耐瘠薄的一、二年生草本植物，如牵牛花、茑萝、豌豆等，也可用多年生植物，如金银花、葡萄等。这些植物不仅管理粗放，而且花期长，绿化、美化效果较好。另外，居住者爱好的各种花木、盆景更是品种繁多。但无论是阳台还是窗台的绿化，都要选择叶片茂盛、花色鲜艳的植物，使花卉与窗户的颜色、质感相互衬托。而天井因光照条件差，宜选用耐阴的落叶攀缘植物。

7.室内垂直绿化

室内垂直绿化一般采取悬垂式盆栽，给人以轻盈、自然而浪漫的感觉。为此，人们可用塑料、金属、竹、木等制成吊盆或吊篮，种植一些枝叶悬垂的观叶花卉，直接放置于橱顶、高脚架，或挂于墙面，使其朝外垂下。天南星科的大叶黄金葛、红宝石蔓绿绒、白蝴蝶合果芋等室内观叶植物具有栽培容易、生长迅速、叶形优美、四季常青、耐水湿、能攀登、可葡匐等优良性状，可以应用到室内垂直绿化。

8.城市桥梁绿化

对于城市桥梁的绿化，人们一般会在桥墩、桥的侧面、桥洞上方采用具有吸盘或吸附根的攀缘植物，如爬山虎、络石、常春藤、凌霄等。

9.墙面绿化

房屋外墙面的绿化应选择生命力强的吸附类植物。爬山虎、紫藤、常春藤、凌霄、络石及爬行卫矛等植物物美价廉，不需要任何支架和牵引材料，栽培管理简单，绿化高度可达五六层楼以上，且有一定的观赏性，可作为首选。在选择时应区别对待，如：凌霄喜阳且耐寒性较差，可种植在向阳的南墙下；络石喜阴且耐寒力较强，适于栽植在房屋的北墙下；爬山虎生长快，分枝较多，种于西墙下最合适。此外，也可选用其他花草类植物垂吊墙面，如紫藤、爬藤蔷薇、木香、金银花、木通、西府海棠、茑萝、牵牛花等，或果蔬类如南瓜、丝瓜、佛手瓜等。在较粗糙的表面，可选择枝叶较粗大的植物，如爬山虎、薜荔、凌霄等，便于攀爬；而在表面光滑细密的墙面，可选用枝叶细小、吸附能力强的种类。在建筑物正面绿化时要注意与门窗的距离，一般在两门或两窗的中心栽植，墙上可嵌入横条形铁丝，以便攀缘植物顺利向上生长。

（二）垂直绿化植物应用的原则

1.功能要求

为了降低建筑物墙面及室内温度的垂直绿化，应选用生长快、枝叶茂盛的攀缘植物，如爬山虎、五叶地锦、常春藤等。为了防尘的垂直绿化，应尽量选用叶面粗糙且密度大的植物，如中华猕猴桃等。

2.生态要求

不同攀缘植物对环境条件的要求不同，因此人们在进行垂直绿化时应考虑立地条件。例如，在进行墙面绿化时，应考虑方向问题。北墙面的绿化应选择耐阴植物，如中国地锦是极耐阴的攀缘植物，用于北墙比用于西墙生长迅速，开花结果繁茂。西墙面的绿化应选择喜光、耐旱的植物，如爬山虎等。在我国北方，应考虑绿化植物的抗寒性、抗旱性，而南方则应考虑其耐湿性。

3.绿化方式

墙面绿化，可以选择有吸盘和吸附根的攀缘植物，如爬山虎、常春藤等；庭园垂直绿化，一般应在棚架、山石旁栽植典雅或有经济价值的木香、蔷薇、金银花、猕猴桃等；土坡、假山的垂直绿化宜选用根系庞大、固地性强的攀缘植物。

4.美化要求

例如，为了提高城市美化效果，可以在立交桥等位置种植爆仗竹、牵牛花、茑萝等开花攀缘植物；在护坡和边坡种植凌霄、黄花老鸦嘴等；在立交桥上的悬挂槽和阳台上种植黄素馨、马缨丹、软枝黄蝉等。

5.环保要求

例如，在我国南方，常春藤能抗汞雾。在我国北方，地锦能抗二氧化硫、氟化氢和汞雾。常春藤、薜荔、扶芳藤都能抗二氧化硫，可根据污染情况进行选择。

（三）垂直绿化植物的盆栽类型、选盆及用土或基质

1.盆栽类型

垂直绿化植物盆栽应选用长势适中，节间较短，蔓姿、叶、花、果观赏价值高，病

虫害少的品种。观果垂直绿化植物，宜选用自花授粉率高的品种。在一般情况下，垂蔓性品种更适合盆栽，如迎春、迎夏、连翘、枸杞、花叶蔓等；分枝性差、单轴延长的蔓性灌木，不宜用作盆栽。

缠绕类植物中苗期呈灌木状者，如紫藤等，卷须类植物中可供观花、观果者，如金银花、葡萄等，也适合盆栽。吸附类植物中常绿耐阴的常春藤等常在室内盆栽作垂吊观赏。枝蔓虬曲多姿者，还适合制作树桩盆景，如金银花、紫藤等。

2.选盆

选盆就是选择盆的大小、深浅、款式、色彩和质地。盆栽选盆要求大小适中、深浅恰当、款式相配、色彩协调、质地相宜。

盆的大小一定要适中，盆过大，盆内显得空旷，植株显得体量过小，而且因为盛土多、蓄水多，常会造成烂根；盆过小，内置植株就会显得头重脚轻，缺乏稳定感，而且盛土少、蓄水少，常造成养分、水分供应不足，影响植物生长。盆的深浅对植株生长和控形影响很大。盆过深，容土多、蓄水多，不利于喜干品种的生长；盆过浅，容土太少且易干涸，不利于喜湿类植株及观花、观果品种的生长。另外，主蔓粗壮的品种，盆过小或过浅会给人以不稳定感。

盆的款式一定要与盆中所栽品种的形态形成景观上的匹配，要在格调上保持一致，同时还要考虑其是否有利于植株生长以及与摆放环境的协调性。生产用盆的特点是排水性和透气性良好，质地粗糙，盆轻，不追求艺术效果，价格便宜，但不结实。生产用盆多用素烧泥盆，由黏土烧制而成，有红色和灰色两种，底部中央留有排水孔。盆的口径大小一般在 7～40 cm。为改善盆花的观赏效果，使植株、花朵和花盆相映成趣，相关人员可以利用不同的材料，采用不同的造型方法和制作工艺，制成不同形状和不同颜色的观赏花盆，有的还可绘制图案，使它们成为美丽的工艺品。这种花盆的质地都比较坚实，但通气和透水性能不良，并且价格较贵，一般盆花不适合用它们来长期养护，因此多在室内陈设时作短期使用。盆的色彩与盆中植株的色彩要相互协调。若植株观赏部位色彩较深，如红色的种类，应选色彩较浅一些如白色、浅绿色、浅黄色、浅蓝色盆；若观赏部位色彩较浅，如翠绿色叶，应选择深色的盆。在配盆时，还应考虑到植株主蔓的色彩。

盆的质地一定要适宜。从观赏性考虑，宜选择观赏性较好的釉陶盆、紫砂陶盆、瓷盆等。但从栽培和养护出发，宜选择通气透水性好的瓦盆，如能套上装饰性强的盆，就能取得相得益彰的效果。

3.盆栽用土或基质

盆栽用土一定要根据植物种类的生物学特性来选用。盆栽的垂直绿化植物对土壤的要求是肥沃疏松、富含腐殖质，腐殖质土、稻田土、山泥、腐叶土、塘泥土等都可以作盆栽用土。为了使盆栽用土肥沃疏松、富含腐殖质，常常需要进行人工配制。常见的配方为：4 份肥田土＋4 份腐叶土＋2 份粗砂＋少量砻糠灰。对于喜肥植物的盆栽用土，还应配制加肥培养土，如 10 份普通培养土＋1～2 份饼肥。

无土盆栽是在无孔盆中以蛭石、石英砂等作为基质，加入营养液进行的栽培，是卫生、优质、便于机械化生产的先进栽培方法。需要注意的是，因当地水质、植物种类对酸碱度的要求不同，营养液的配制方法也不同。

二、垂直绿化植物栽植

（一）栽植前的准备

1.苗木准备

（1）选苗

在进行垂直绿化时，不要影响建筑物和构筑物的强度及其功能。在栽植前，应对栽植位置的朝向、光照、地势、雨水截留、人流、绿地宽度、立面条件、土壤等状况进行调查。垂直绿化应因地制宜，根据环境条件和景观需要，以适用、美观、经济为原则，选择适宜的植物材料。应根据建筑物和构筑物的式样、朝向、光照等立地条件选择不同类型的垂直绿化植物材料。用于垂直绿化的藤本植物应为枝叶丰满、根系发达的良种壮苗；用于墙面贴植的植物应为有 3～4 根主分枝、枝叶丰满、可塑性强的植株。常绿植物非季节性栽植应用容器苗，在栽植前或栽植后都要进行疏叶。选择的垂直绿化植物要满足以下条件：枝繁叶茂，病虫害少，若花繁色艳则效果更好；果实累累、形色奇佳，如能食用或兼具经济价值则是最佳选择；具有卷须、吸盘、吸附根，可攀壁生长，对建筑物无副作用；耐寒、耐旱、抗性强、易于栽培、管理方便，并兼具景观作用。

（2）栽前修剪

垂直绿化植物一般根系发达、冠覆盖面积大、茎蔓较细，在起苗时容易损伤较多的根系，在栽植前往往需要对苗木进行适当重剪。对苗龄小的落叶植物，可留 3～5 个芽，对主蔓重剪；对苗龄较大的，可对其主蔓、侧蔓留数个芽，进行重剪或疏剪。对常绿植物，应以疏剪为主，适当短截。同时，在栽植时还要根据根系损伤情况再次进行修剪。

2.土壤准备

在栽植前，相关人员应对土壤进行测定，确保其满足垂直绿化栽植的理化性状要求。在栽植地点有效土层下方有不透气的应打碎，对不能打碎的应钻穿，使其上下贯通。

3.辅助设施准备

栽植地段环境较差，无栽植条件的，应设置栽植槽。栽植槽净高宜为30～50 cm，净宽宜为40～50 cm。为防止人为破坏，在栽植处周围应设置保护设施。

（二）栽植

1.定点挖穴

挖穴的规格因植物种类和栽植地环境的不同而不同。一般穴径要比植物根幅或土球大20～30 cm，深与穴径相等或略深。因垂直绿化植物大多数为深根性，所以挖穴要略深。一般蔓生性木本垂直绿化植物穴深为45～60 cm，高大的垂直绿化植物且兼具果实生产的应为80～100 cm。

2.土壤改良

如果穴内土层为黏实土，则在栽植前应添加枯枝落叶或腐叶土，这有利于透气；栽植地地下水位高的，要在穴内添加一定量的沙土；如在建筑区遇到灰渣多的地段，则要适当加大穴径和深度，并添加适量客土。

3.起苗与包装

对落叶木本垂直绿化植物，往往采用裸根起苗，且一般多用苗龄不大的植株。对植株大的木本蔓性类或呈灌木状的垂直绿化植物，应先找好冠，在冠幅的1/3处挖掘。对其他垂直绿化植物，由于其自然冠幅大小不易确定，在干蔓正上方的，可以冠较密处的1/3处为准或凭经验起苗。对直根性和具肉质根的落叶或常绿木本垂直绿化植物应带土球起苗。对沙壤地中所起的小于50 cm的小苗土球，要用浸湿的蒲包包装；如果土壤较黏，则用草绳包扎。

4.假植及运输

对已经起出的木本垂直绿化苗木，如不能马上运走，则应立即原地假植。对裸根木本垂直绿化植物，如果在半天内近距离运输，则只需盖上草帘或帆布即可；如果运输超过半天，则要在装车后对苗木根系喷水或盖上湿草帘，上面再盖一层帆布，且在运输途中要注意检查苗木，并及时给苗木喷水。在苗木运到目的地后，要立即栽植，如果苗根较干，则要先湿水浸泡（不超过 24 小时）。

5.定植

（1）栽植间距

栽植间距一般根据苗木品种、大小及要求见效的时间长短而定，一般为 40～50 cm。对于墙面贴植，栽植间距宜为 80～100 cm，垂直绿化材料宜靠近建筑物和构筑物的基部进行栽植。

（2）栽植技术

除吸附类作垂直立面或作地被的垂直绿化植物外，其他垂直绿化植物的栽植方法与一般园林树木一样，即做到"三埋二踩一提苗"。栽植工序应紧密衔接，做到随挖、随运、随种、随灌，裸根苗不得长时间暴晒和长时间脱水。栽植穴大小应根据苗木的规格而定，长宜为 20～35 cm，宽宜为 20～35 cm，深宜为 30～40 cm。苗木摆放立面应将较多的分枝均匀地与墙面平行放置。苗木栽植的深度应以覆土至根颈为准，根际周围应夯实。在苗木栽好后应随即浇水，次日再浇一次水，两次水均应浇透。在第二次浇水后应进行根际培土，做到土面平整、疏松。在干旱地区，可在雨季前铲除土堰，将土培于穴内。秋季栽植的，在入冬时要将堰土呈月牙形培于垂直绿化植物的主风方向，以利于越冬防寒。

（3）枝条固定

栽植无吸附能力的垂直绿化植物，要进行牵引和固定，植株枝条应根据长势分散固定。固定点的设置可根据植物枝条的长度、硬度而定。墙面贴植应剪去内向、外向的枝条，保存可填补空当的枝叶，按主干、主枝、小枝的顺序进行固定，在固定好后要修剪和平整。

（三）盆器栽植

1.上盆

一般北方使用的新瓦盆含碱，须用水充分浸泡，使其吸足水，以利于除碱。旧盆在浸泡后有青苔的则应刷净，并待盆稍干再用。在栽植前，首先要填塞盆底的透水孔，浅盆可用双层铁丝网或塑料窗纱填塞；较深的盆可用两片碎瓦片叠合填塞；千筒盆则需要用多块瓦片将盆下层垫空。不能将透水孔堵死，以免排水不畅，造成植株烂根。在填土时，相关人员应在盆底放大粒土，稍上放中粒土，中上部放细粒土，一边放入一边用木棒抖动，以使盆土与植株根贴实；但不可将土压得太紧，以保证盆土的透气透水。深盆栽植需要在离盆口 1～2 cm 留水口，以便浇水，浅盆不用留水口。在填完土后，要用细喷壶浇足定根水，至盆底孔有水流出为止。特别要注意避免出现浇"半截水"，导致上下干湿不均，影响根系的生长。然后将其放置到无风半阴处，并注意对植株经常喷水。在约半个月后，进行正常管理。

2.翻盆

盆栽垂直绿化植物在生长多年后，须根密布盆底，浇水时不易渗透，排水困难，肥料也不能满足需要，会影响植株的正常生长，应翻盆换土并修根。

翻盆换土一般 1～2 年应进行一次；枝叶茂盛、根系发达的喜肥类型，可每年进行一次。在一般情况下，在植株休眠期或生长迟缓期翻盆为宜，最好在萌芽前的早春 3 月初至 4 月初进行。常绿类型植物可在晚春或夏季梅雨季节翻盆，春花类型的宜在花期过后进行。

在脱盆前如盆土较干，则应于脱盆前 1～2 日浇足水，以便脱盆。在脱盆时，要用手掌拍打盆的四周，使土团与盆壁分离，然后用一只手握住主蔓基部，另一只手的手指由排水孔向外顶出。在脱盆后，要去除部分旧土并增添新土，以增加肥力、促发新根。须根多而易活的类型，可多去一些旧土；反之，则应多保留一点旧土。在剔除旧土时，要视情况进行根系修剪，去除部分粗长老根、病根和死根。

第三节　地被植物栽植技术

一、地被植物分类及选择的标准

（一）地被植物的分类

能覆盖地面并有一定观赏价值的低矮植物叫地被植物。地被植物在种植后能很快覆盖地面，形成一层茂密的枝叶，将土层稳定，同时还会有不同深浅的绿色和美丽的花色供人们欣赏。地被植物一般包括蔓生植物、丛生植物、草甸植物、缠绕藤本植物及蕨类植物。地被植物的具体分类如下：

1.按生态环境分

（1）喜阳地被植物

喜阳地被植物指在全日照空旷地上生长的地被植物，如常夏石竹、半枝莲、鸢尾、百里香、紫茉莉等。喜阳地被植物一般在阳光充足的条件下才能正常生长，在半阴处则生长不良，在庇荫处则往往会自然死亡。

（2）喜阴地被植物

喜阴地被植物指在建筑物密集的阴影处或郁闭度较高的树丛下生长的地被植物，如虎耳草、连钱草、玉簪、蛇莓、蝴蝶花、桃叶珊瑚等。这类植物在日照不足的遮阴处仍能正常生长，在全日照条件下反而会叶色发黄，甚至会产生叶片先端焦枯等不良现象。

（3）耐阴地被植物

耐阴地被植物指在稀疏的林下或林缘处以及其他阳光不足之处生长的地被植物，如诸葛菜、蔓长春花、石蒜、细叶麦冬、八角金盘、常春藤等。此类植物在半阴处生长良好，在全日照条件下及浓荫处均生长欠佳。

2.按观赏特点分

（1）常绿地被植物

常绿地被植物，可达到终年覆盖地面的效果，如砂地柏、石菖蒲、麦冬、葱兰、常春藤等。这类植物没有明显的休眠期，一般在春季交替换叶。

（2）观叶地被植物

这类地被植物有特殊的叶色和叶姿，单株或群体均可供人观赏，如八角金盘、菲白竹、连钱草等。

（3）观花地被植物

花期长、花色艳丽的低矮植物，在其开花期以花取胜，如金鸡菊、诸葛菜、红花酢浆草、毛地黄、矮化美人蕉、花毛茛、石蒜、紫花地丁等。有些观花地被植物可在成片的观叶地被植物中插种。例如，在观叶地被植物中插种萱草、石蒜等观花地被植物，更能发挥地被植物的绿化效果。

（二）地被植物的选择标准

地被植物的选择标准如下：

①多年生，植株低矮，高度不超过 100 cm；②全部生育期露地栽培；③繁殖容易，生长迅速，覆盖力强，耐修剪；④花色丰富，花期持续时间长或枝叶观赏性好；⑤具有一定的稳定性；⑥抗性强、无毒、无异味；⑦能够管理，即不会泛滥成灾。

二、地被植物栽植

（一）栽植前的准备

1.栽植地的准备

（1）整地、施肥

地被植物一般为多年生植物，大多没有粗大的主根，根系主要分布在表层土壤里，仅有少数低矮灌木的根系分布稍深一些。在种植地被植物前，要尽可能使种植场地的表层土壤疏松、透气、肥沃，地面平整，排水良好，为其生长发育创造良好的立地条件。

（2）定点、放线、挖穴

地被植物的种植点应根据设计图纸，按比例放线于地面，以设计提供的标准点或固定建筑物、构筑物等为依据确定。在定点时，要依图按比例测出其范围，并用石灰标画出范围的边线。

当采用一字形栽植时，应挖浅沟。当成片栽植时，应多以品字形浅穴为主，在放线范围内翻挖、松土，深度为 15～30 cm；并且应在轮廓线外侧预留宽和深均为 3～5 cm 的保水沟，以利于灌溉。

2.苗木的准备

（1）起苗

用花卉做地被植物的，多数是穴盘育苗，之后在营养盒中培育，在栽植时只需将营养盒去掉即可，此法培育的苗木根系保持完整，成活率高。木本地被植物一般较小，多数采用裸根起苗，灌木树种按灌木丛高度的 1/3 确定根系挖掘的幅度。

（2）包装

容器苗可直接用箱装运，且应尽快运到栽植地，并立即栽植。木本地被植物要根据苗木大小进行分级、打捆，对根系喷水，用编织袋包扎或装入编织袋内，要始终保持苗木根系及地上部分湿润。

（3）运输

在运输途中，要保证苗木的水分，当运到栽植地后须立即栽植或假植。

（二）栽植

1.修剪

（1）地上部分修剪

由于在起苗、运输过程中苗木地上部分会受到损伤，因此在栽植前要对受伤枝条进行适当修剪，同时也要对病虫枝、枯死枝进行修剪。

（2）根系修剪

在起苗后，剪去过长的根系、病虫根，将根系受伤的部分修剪整齐，有利于根系愈合，发出新根。

2.种苗栽植

地被植物栽植使用的苗木是已经长出 3～4 片真叶的幼苗。地被植物单株比较小，多以整体观赏效果为主，必须成片种植才能显示其效果，所以要求种植的植物生长速度快、整齐。为此，在种植时要根据植物的生长特性、植株的生长速度、生境条件、种苗大小和养护管理水平等适当地调整种植间距，使其在种植后能基本达到覆盖效果。

草本地被植物由于植株矮小，栽植株行距为 20～25 cm，矮生灌木株行距则为 35～40 cm。过稀郁闭较慢，会加大除草工作量，并且在短期内达不到覆盖的效果；过密则浪费苗木。例如，玉簪、萱草、鸢尾、马蔺等可按株距为 20 cm×25 cm 进行栽植；甘野菊、大花秋葵等冠幅大的地被植物的栽植，可适当将株行距加大到 40 cm×40 cm。对于自播繁殖能力强的二月兰、紫花地丁、美女樱等地被植物，可先行播种，翌年自播繁衍，但种子受风力影响可能分布不均匀。对于过密处的幼苗，要及时疏苗，补植稀疏的地方，以免植物过密而瘦弱，导致开花不好。如果幼苗过稀，裸露地面，则可进行人工辅助，使其达到合理的株行距。对于较大的灌木植株如迎春、连翘等，可根据景观布置要求进行群体栽植、片植或 3～5 丛植。对于较小的灌木苗，也可几株合并栽植以扩大灌群。如果是较快覆盖地面的大面积景观地被，则可以先密植，以后视生长势逐渐疏苗，移去部分植株，以平衡其生长势。

第四节　水生植物栽培技术

一、水生植物的分类及特点

（一）水生植物的分类

水生植物一般指常年生长在水中或沼泽地中的多年生草本植物。水生植物按生态习性可分为以下几种：

1. 挺水植物

挺水植物植株高大，直立挺拔，花色艳丽，绝大多数有茎叶之分，根生于泥中，茎叶挺出水面，如荷花、千屈菜、菖蒲、泽泻等。

2. 浮水植物

浮水植物根生于泥水中，无明显地上茎或茎细弱不能直立，叶面浮于水面或略高于水面，花大色艳，如睡莲、王莲、芡实等。

3. 沉水植物

沉水植物根生于泥水中，茎叶全部沉于水中，仅在水浅时偶尔露出水面，具有发达的通气组织，如莼菜、狸藻等。

4. 漂浮植物

漂浮植物根伸展于水中，叶浮于水面，随水漂浮流动，在水浅处可生根于泥中，生长速度快，如浮萍、凤眼莲等。

（二）水生植物的特点

水生植物依赖水而生存，其在形态特征、生长习性及生理机能等方面与陆生植物有明显的差异。水生植物的主要特点如下：

1. 通气组织发达

除少数湿生植物外，水生植物都具有发达的通气系统，可以使进入水生植物体内的空气顺利到达植株的各个部分。尤其是处于生长阶段的荷花、睡莲等，从叶脉、叶柄到膨大的地下茎，都有大小不一的气腔相通，能保证进入植株体内的空气散布到各个器官和组织，以满足位于水下的器官呼吸和其他生理活动的需要。

2.机械组织退化

有些水生植物的叶及叶柄部分生长在水中，不需要坚硬的机械组织来支撑，所以水生植物不如陆生植物坚硬。又因其器官和组织的含水量较高，所以叶柄的木质化程度较低，植株体比较柔软，水上部分的抗风力也差。

3.根系不发达

在一般情况下，水生植物的根系不如陆生植物发达。因为水生植物的根系在生长发育过程中直接与水接触或在湿土中生活，吸收矿物质营养及水分比较省力，所以其根系缺乏根毛，并逐渐退化。

4.有发达的排水系统

在正常情况下，水生植物体内水分过多不利于其正常生长发育。水生植物在雨季、气压低或植物的蒸腾作用较微弱时，能依靠体内的管道细胞、空腔及叶缘水孔所组成的分泌系统，把多余的水分排出，以维持正常的生理活动。

5.营养器官表现明显差异

有些水生植物为了适应不同的生态环境，其根系、叶柄和叶片等营养器官在形态结构上表现出了不同的差异。例如，荷花的浮叶和立叶、菱的水中根和泥中根等，它们的形态结构均产生了明显的差异。

6.花粉传授有变异

某些水生植物如沉水植物为了满足花粉传授的需要就产生了特有的适应性变异。例如，苦草为雌雄异株，雄花的佛焰苞长 6 mm，而雌花的佛焰苞长 12 mm；金鱼藻等沉水植物具有特殊的有性生殖器官，能适应以水为传粉媒介的环境。

7.营养繁殖能力强

营养繁殖能力强是水生植物的共同特点，如荷花、睡莲、鸢尾、水葱、芦苇等利用地下茎、根茎、球茎等进行繁殖；金鱼藻等可进行分枝繁殖，当分枝断掉后，每个断掉的小分枝又可长出新的个体；黄花蔺、荇菜、泽苔草等除根茎繁殖外，还能利用茎节长出的新根进行繁殖；苦草、菹草等在沉入水底越冬时就形成了冬芽。水生植物这种繁殖快且方法多的特点，对保持其种质特性，防止品种退化以及杂种分离都是有利的。

8.种子、幼苗始终保持湿润

因水生植物长期生活在水环境中，与陆地植物相比，其种子（除莲子外）及幼苗，无论是处于休眠阶段，还是进入生长期，都不耐干燥，必须始终保持湿润，若受干则会失去发芽力。

二、水生植物栽培

（一）容器栽培

1.容器的选择

常用的栽培水生植物（如荷花、睡莲等）的容器有缸、盆、碗等。选择哪种容器应视植株的大小而定：植株大的，如荷花、纸莎草、水竹芋、香蒲等，可用缸或大盆（规格：高 60～65 cm，口径为 60～70 cm）栽培；植株较小的，如睡莲，埃及莎草、千屈菜等，宜用中盆（规格：高 25～30 cm，口径为 30～35 cm）栽培；一些较小或微型的植株，如碗莲、小睡莲等，则可用碗或小盆（规格：高 15～18 cm，口径为 25～28 cm）栽培。

2.栽培方法

在栽培水生植物之前，要将容器内的泥土捣烂。有些种类如美人蕉，要求土质疏松，可在泥中掺一些泥炭土。无论缸、盆，还是碗，所盛泥土只占容器的 3/5 即可。然后，将水生植物的秧苗植入盆（缸、碗）中，再掩土灌水。在栽种一些种类的水生植物（如莲藕等）时，要将其顶芽朝下呈 20°～25°的斜角，放入靠容器的内壁，埋入泥中，并让藕秧的尾部露出泥外。

（二）湖塘栽培

在一些公园、风景区及居住区,通过种植水生植物来布置园林水景,首先要考虑湖、塘的水位。对于面积较小的水池,可先将水位降至 15 cm 左右,然后用铲在种植处挖小穴,再种上水生植物秧苗,随后盖土即可。倘若湖塘水位很高,则可采用围堰填土的方法来种植。在冬末春初,大多数水生植物尚处于休眠状态,雨水也少,有条件的地方可放干池水,事先按种植水生植物的种类及面积大小进行设计,再用砖砌起来,抬高种植穴,这种方法适用于王莲、荷花、纸莎草、美人蕉等畏水深的水生植物。但在不具备围堰条件的地方,则需要用编织袋将数枝秧苗装在一起,扎好后,加上镇压物（如石、砖等）,抛入湖中。此种方法只适用于荷花,王莲、纸莎草、美人蕉等可用大缸、塑料筐等填土种植。

（三）无土栽培

水生植物的无土栽培具有轻巧、卫生、方便等特点，因此很适合家庭、小区物业、机关单位、学校等种养。无土栽培基质可选用蛭石、矾石、珍珠岩、河沙、石砾、泥炭土、卵石等，可以选择几种进行混合，然后进行栽培。例如，将蛭石、河沙、矾石按1：1：0.5的比例混合，栽培荷花，可以取得较好的效果。

（四）反季节栽培

一般来说，水生植物喜温暖水湿的气候环境，适合生长于仲春至仲秋期间，秋末停止生长，初冬处于休眠状态。随着科学的发展，人们可运用促成栽培技术，打破水生植物的休眠期，让它们在冬天展叶开花。

1.生产条件和设备

水生植物的反季节栽培需要一定的条件及加温设备。首先要有塑料棚和水池：塑料棚以高2～2.2 m、宽4～5 m、长10～12 m为宜，塑料薄膜要加厚，若没有加厚薄膜，则可用双层薄膜，这样保暖性强；水池的规格以长8 m、宽1.5 m、深0.6 m为宜，也可根据具体情况而定。反季节栽培还需要绝缘加热管、控温仪以及碘钨灯等加温设备。反季节栽培所用的基肥有花生骨粉、复合肥等，所用的农药有敌敌畏、速灭杀丁、代森锌、甲基托布津等。

2.反季节栽培的水生植物种类和方法

常用反季节栽培的水生植物种类有荷花、睡莲、千屈菜、纸莎草、香蒲等。人们通常在9月下旬至10月上旬，对反季节栽培的水生植物进行翻盆，取出根茎作种苗，如荷花的藕节、睡莲的块茎、千屈菜的插条等。然后把处理好的种苗植于盆内，盖好泥土，放进水池内。随后在池内放好水，一般池水与盆持平。再将绝缘加热棒固定在池内，装好控温仪。白昼池中水温控制在30 ℃左右，夜间控制在24～25 ℃。待幼苗长出3片或4片叶时，将水温逐步升到33～35 ℃。当中午棚内气温高达40 ℃时，要喷水降温。

第五节　观赏竹类及棕榈类
植物栽植技术

一、观赏竹类植物栽植

毛竹是常见的观赏竹类植物之一，下面以毛竹为例对观赏竹类植物栽植进行介绍。

（一）栽植地的选择

栽植毛竹，首先要根据毛竹的生长特性和生物学特性选择栽植地。毛竹在土层深厚、肥沃、湿润、排水和通气良好并呈微酸性反应的土壤中生长最好，沙壤土或黏壤土次之，重黏土和石砾土最差。过于干旱、瘠薄的土壤，含盐量在 0.1% 以上的盐渍土，pH 值在 8.0 以上的钙质土，以及低洼积水或地下水位过高的地方，都不宜栽植毛竹。

（二）母竹的挖掘与运输

1.挖掘

当母竹选定后，要先判定其竹鞭的走向。一般毛竹竹竿基部弯曲，竹鞭多分布于弓背内侧，分枝方向与竹鞭走向一致。因此，应在离母竹 30 cm 左右的地方找鞭，然后按来鞭 20～30 cm、去鞭 40～50 cm 的长度截断竹鞭，沿竹鞭两侧 20～35 cm 的地方开沟深挖，一起挖出竹鞭与母竹，并带土 25～30 kg。毛竹无主根，干基及鞭节上的须根再生能力差，一经受伤或干燥萎缩很难恢复，不易栽活。因此，在挖母竹时要注意鞭不撕裂，保护鞭芽，少伤鞭根，不摇竹竿，不伤母竹与竹鞭连接的"螺丝钉"。带土多、根幅大的母竹成活率高，发笋成竹也快。在挖出母竹后，要留枝 4～6 盘，削去竹梢，且须注意使切口光滑、整齐，并修剪过密枝叶，以减少水分蒸发，提高种植成活率。

2.包装运输

当母竹挖出后，若就近栽植则不必包扎，但要防止鞭芽受损或宿土震落；若需要远距离运输则必须将竹蔸鞭根和宿土一起包好扎紧。包扎方法是：在鞭的近圆柱形的土柱上下各垫一根竹竿，用草绳一圈一圈地横向绕紧，边绕边捶，使绳土密接，并在鞭竹连接处，即"螺丝钉"着生处侧向交叉捆几道，完成"土球"包扎。在搬运和运输途中，要注意保护"土球"和"螺丝钉"，并保持"土球"湿润。在装车后，要先在竹叶上喷少量水，再用篷布将竹子全部覆盖好，防止风吹，减少水分散失。在卸车时要小心，不要拖、压、摔、砸土球。

（三）栽植

毛竹的栽植坑穴一般长 100 cm、宽 60 cm，且坑穴底部应垫土约 10 cm。栽植的步骤如下：首先根据竹蔸大小和带土情况，修整坑穴；然后放入竹蔸，除去包装，顺应竹蔸形状，使竹鞭自然舒展，与土壤紧密接触；最后分层回填土壤踏实。填土厚度比原土痕深 3～5 cm。若太深，则底层土温低、通气不良，不利于鞭根的生长和笋芽的发育，易腐烂且笋出土阻力大；若太浅，则竹蔸易被风吹倒，鞭根易裸露失水。

（四）灌定根水

毛竹在栽植后要灌足水，以使根土密接。在浇透后，要再覆一层松土，并在竹竿基部堆成馒头形。为了保墒还可以在土堆上加盖一层稻草，防止栽植穴内的水分蒸发。

（五）栽后管理

如果母竹高大或在风大的地方栽植，要在栽植后立支架，以防风吹得竹竿摇晃，降低栽植成活率。在栽植后要进行常规的养护管理，如发现露根、露鞭或竹蔸松动，则要及时培土覆盖。在松土除草时，注意不要损伤竹根、竹鞭和笋芽。在 9 月以后孕笋期，应停止松土除草。

二、棕榈类植物栽植

（一）移植前的准备

1.栽植地的选择

棕榈类植物除低湿、黏土、风口等处外均可以栽植，且以土壤湿润、肥沃深厚、中性、石灰性、微酸性黏质壤土为好，并要注意排水。

2.植株的选择与挖掘

在园林中栽植的棕榈类植物苗木以生长旺盛、高度为 2.5 m 的健壮树为好。棕榈无主根，根系分布范围为 30～50 cm，有的可扩展到 1～1.5 m，爪状根分布紧密，深为 30～40 cm，最深可达 1.2～1.5 m。因此，要提前对将要进行移植的棕榈类植物进行断根处理，断根后土球大小约为地径的 2 倍，断根处深度为 50～60 cm。棕榈类植物在断根后最好保留 30 天以上，待新根开始萌动时再移植。在植株起好后，应对运输距离较远的进行包扎，一般不对运输距离较近的进行包扎，但要注意保湿。

3.挖栽植穴、施基肥

在移植前 20 天，应挖好穴，穴规格一般是土球的 1.5 倍，并及时施好基肥。

（二）起苗、包装及运输

棕榈类植物在起苗时应尽可能带大土球，并防止土球松散和开裂，尽量保护根系组织，把根群的损伤程度降到最低，以便能维持正常的呼吸作用和吸水能力，提高移植成活率。此外，在包装、运输植株的过程中，应使其茎干部分免受损伤，假茎部分不被挤压和弯曲，这是植株健康及尽快复壮的保证。

（三）叶片修剪

对于棕榈类植物，应根据种类、移植及养护条件等综合判断移植时所留叶片的数量，一般应以保留原叶片数的 40%左右、总叶量的 30%左右为宜。若留叶过多，则叶片会因水分蒸发过量而枯黄；若留叶过少，则植株恢复困难且周期长，初期的景观效果也不好。因此，应慎重对待。至于叶片修剪的形状，应以减少叶片在空气中的暴露面积为原则，故不宜为争高度而采用"排骨"修剪法，使全部叶片受到损伤。

（四）栽植

1.挖穴、修穴

开挖足够大的种植穴，并在种植穴内加入腐熟的农家肥及复合肥，有利于棕榈类植物在栽植后快速恢复生长。棕榈类植物在移植时损伤了大部分根尖，而在移植后的一个月内又未萌发新的根尖，因此植株的吸水能力较弱，此时若土壤透气性好，则有利于苗木成活。

2.栽植、填土

棕榈类植物叶大柄长,当成片栽植时,株行距应不小于 3 m。棕榈类植物的栽植过程如下:首先在挖好植穴后先回填一些疏松的土壤,并踩实;然后放入植株,分层回填土,当填土到植穴深的一半时,将树向上提起,再将土拍实;接着继续填土、拍实,直至填土至根颈处。

3.固定

棕榈类植物在栽植后,应进行固定,用三根竹搭成三角状支撑是最经济实用的方法,绑扎高度应在树干的 2/3 处。

第六节　园林花卉栽培技术

一、园林花卉无土栽培

(一)无土栽培的概念与优缺点

1.无土栽培的概念

无土栽培是近年来在花卉工厂化生产中较为普及的一种技术。它是一种用非土基质和人工营养液代替天然土壤栽培花卉的技术。早在 1699 年,英国科学家约翰·伍德沃德(John Woodward)就开始研究无土栽培,他分别用雨水、河水和花园土浸出的水来培养薄荷。研究结果表明,花园土浸出的水种植的薄荷生长得最好,因此他得出结论:植物的生长是由土壤中的某些物质决定的。1840 年,德国化学家尤斯图斯·冯·李比希(Justus von Liebig)提出植物矿质营养学说。1860 年,克诺普(W. Knop)和尤利乌斯·冯·萨克斯(Julius von Sachs)第一次进行无土栽培的精确实验,他们用无机盐制成的人工营养液栽培植物并获得成功。

无土栽培虽然历史悠久,但是真正的发展始于 1970 年丹麦一家公司开发的岩棉栽培技术和 1973 年英国温室作物研究所开发的营养膜技术。近几十年来,无土栽培技术发展极其迅速,目前其在美国、英国、法国、加拿大等发达国家应用广泛。

2.无土栽培的优缺点

无土栽培的优点如下：①环境条件易于控制。②省水省肥。无土栽培为封闭循环系统，耗水量仅为土壤栽培的 1/7～1/5，同时避免了肥料被土壤固定和流失的问题，肥料的利用率大大提高。③扩大了花卉种植的范围，在沙漠、盐碱地、海岛、荒山、砾石地或沙漠都可以进行，规模可大可小。④节省劳动力和时间。无土栽培许多操作管理都是机械化、自动化的，大大降低了劳动强度。⑤无杂草，清洁卫生，而且因为没有土壤，病虫害的来源得到控制，病虫害减少了。

无土栽培的缺点如下：①一次性设备投资较大。无土栽培需要许多设备，如水培槽、营养液池、循环系统等，故投资较大。②技术水平要求高。无土栽培需要由具有一定专业知识的人来进行营养液的配置、调整与管理。

（二）园林花卉无土栽培类型

无土栽培的基本原理，就是根据不同植物生长发育所必需的环境条件，尤其是根系生长所必需的条件，包括营养、水分、酸碱度、通气状况及根际温度等，设计满足这些基本条件的装置和栽培方式来进行不需要土壤的植物栽培。因此，人们要掌握好无土栽培技术，不仅要了解植物栽培有关知识，而且要掌握营养液的管理技术。无土栽培可人工创造良好的根际环境以取代土壤环境，有效防止土壤连作病害及土壤盐分积累造成的生理障碍，充分满足植物对矿质营养、水分、气体等环境条件的需要。无土栽培的方式很多，大体上可分为两类：一类是用固体基质固定根部的基质培；另一类是不用基质的水培。

1.基质培

在基质无土栽培系统中，固体基质的主要作用是支持花卉的根系及提供花卉的水分和营养元素。基质无土栽培的供液系统有开路系统和闭路系统，开路系统的营养液不循环利用，闭路系统的营养液循环使用。由于闭路系统的设施投资较高，而且营养液的管理比较复杂，所以在我国基质培只采用开路系统。与水培相比，基质培缓冲性强、栽培技术较易掌握、栽培设备易建造，成本低，因此世界各国基质培的应用范围均大于水培。

（1）栽培基质

①对基质的要求

用于无土栽培的基质种类很多，主要分为有机基质和无机基质两大类。用于无土栽培的基质要求有较强的吸水和保水能力、无杂质、无病虫、卫生、价格低廉、获取容易，同时还需要有较好的物理和化学性质。无土栽培对基质的理化性质的要求分别如下：

a.基质的物理性质

容重：一般基质的容重在 $0.1 \sim 0.8$ g/cm³ 范围内。容重过大，则基质过于紧实，透水透气性差；容重过小，则基质过于疏松，虽然透气性好，利于根系的伸展，但不易固定植株，会增加管理难度。

总孔隙度：总孔隙度大的基质，其空气和水的容纳空间就大，反之则小。总孔隙度大的基质较轻、疏松，利于植株的生长，但对根系的支撑和固定作用较差，植株易倒伏；总孔隙度小的基质较重，水和空气的总容量小。因此，为了克服单一基质总孔隙度过大或过小所产生的弊病，在实际中人们常将两三种不同颗粒大小的基质混合制成复合基质来使用。

大小孔隙比：大小孔隙比能够反映基质中水、气之间的状况。如果大小孔隙比大，则说明空气容量大而持水量小，反之则空气容量小而持水量大。一般而言，大小孔隙比在 $1.5 \sim 4$ 范围内，花卉都能良好生长。

基质颗粒大小：基质颗粒大小直接影响容重、总孔隙度、大小孔隙比。无土栽培基质的粒径一般为 $0.5 \sim 50$ mm，可以根据栽培花卉种类、根系生长特点、当地资源加以选择。

b.基质的化学性质

pH 值：不同基质的 pH 值不同，在使用前必须检测基质的 pH 值，根据栽培花卉所需的 pH 值使用相应的基质。

电导率：电导率是指未加入营养液前基质原有的电导率，反映了基质含有可溶性盐分的多少，直接影响营养液的平衡。使用基质前应对其电导率了解清楚，以便适当处理。

阳离子代换量：阳离子代换量是指在一定酸碱条件下，基质含有可代换性阳离子的数量。基质的阳离子代换量高既有不利的一面，即影响营养液的平衡；也有有利的一面，即保存养分，减少损失，并对营养液的酸碱反应有缓冲作用。一般有机基质如树皮、锯末、草炭等阳离子代换量高，无机基质中蛭石的阳离子代换量高，而其他基质的阳离子代换量都很小。

基质缓冲能力：基质缓冲能力是指在基质中加入酸碱物质后，基质本身所具有的缓和酸碱性变化的能力。无土栽培的基质要求缓冲能力越强越好。一般阳离子代换量高的基质的缓冲能力也高。

②常用的无土栽培基质

a.无机基质

岩棉：岩棉是由辉绿岩、石灰岩和焦炭三种物质按一定比例，在1 600 ℃的高炉中融化、冷却、黏合压制而成的。其优点是经过高温完全消毒，有一定形状，在栽培过程中不变形，具有较高的持水量和较小的水分张力，栽培初期pH值是微碱性；缺点是缓冲能力低，对灌溉水要求较高。

珍珠岩：珍珠岩由硅质火山岩在1 200 ℃下燃烧膨胀而成。珍珠岩易于排水，具有良好的通气性，物理和化学性质比较稳定。珍珠岩不适宜单独作为基质使用，因其容重较轻，根系固定效果较差，一般和草炭、蛭石混合使用。

蛭石：蛭石是由云母类矿石加热到 800～1 100 ℃形成的。其优点是质轻，孔隙度大，通透性好，持水力强，pH值中性偏酸，含钙、钾较多，具有良好的保温、隔热、通气、保水、保肥能力。蛭石因为经过高温煅烧，所以无菌、无毒，化学稳定性好。

沙：沙为无土栽培最早应用的基质。目前，美国亚利桑那州、中东地区以及沙漠地带都普遍用沙做无土栽培基质。其特点是来源丰富、价格低，但容重大、持水性差。沙粒的大小应适当，一般以粒径0.6～2.0 mm为好。在生产中，严禁采用石灰岩质的沙粒，以免影响营养液的pH值。

砾石：无土栽培一般使用粒径为1.6～20 mm 的砾石。砾石保水、保肥力较沙低，但通透性优于沙。园林花卉的无土栽培一般选用非石灰性的砾石为好。

陶粒：陶粒就是陶质的颗粒。陶粒的内部为蜂窝状的孔隙构造，容重为500 kg/m³。陶粒的优点是能漂浮在水面上，透气性好。

炉渣：炉渣是煤燃烧后的残渣，来源广泛，通透性好。炉渣不宜单独用作基质，使用前要进行过筛。

泡沫塑料颗粒：泡沫塑料颗粒为人工合成物质，其特点为质轻、孔隙度大、吸水力强，一般多与沙、泥炭等混合应用。

b.有机基质

泥炭：泥炭习称草炭，由半分解的植被组成，因植被母质、分解程度、矿质含量不同而又分为不同种类。泥炭容重较小，富含有机质，持水保水能力强，偏酸性，含花卉所需要的营养成分。泥炭一般通透性差，很少单独使用，常与其他基质混合使用。

锯末与木屑：锯末与木屑为林木加工副产品。锯末质轻，吸水、保水力强，并含有一定的营养物质，一般多与其他基质混合使用。但含有毒物质的树种锯末不宜采用。

树皮：树皮的化学组成因树种的不同差异很大。大多数树皮含有酚类物质且碳氮比较高，因此新鲜的树皮应堆沤 1 个月以上再使用。树皮有很多种大小颗粒可供利用，在园林花卉无土栽培中常用直径为 1.5～6.0 mm 的颗粒。

秸秆：农作物的秸秆是较好的基质材料，其特点是取材广泛、价格低廉。

炭化稻壳：其特点为质轻、孔隙度大、通透性好、持水力较强、含钾等多种营养成分，但 pH 值高，在使用中应注意调整。

此外，可用作无土栽培基质的还有砖块、火山灰、花泥、椰子纤维、木炭、蔗渣、苔藓、蕨根、沼渣、菇渣等。

③基质的混合及配制

在各种基质中，有些可以单独使用，有些则需要按不同的配比混合使用。但就栽培效果而言，混合基质优于单一基质，有机-无机混合基质优于纯有机或纯无机混合基质。基质混合总的要求是降低基质的容重，增加孔隙度，增加水分和空气的含量。基质的混合使用，以 2～3 种混合为宜。

在国内园林花卉无土栽培中，常用的混合基质的配比如下：

草炭：蛭石为 1：1。

草炭：蛭石：珍珠岩为 1：1：1。

草炭：炉渣为 1：1。

在国外园林花卉无土栽培中，常用的混合基质的配比如下：

草炭：珍珠岩：沙为 2：2：3。

草炭：珍珠岩为 1：1。

草炭：沙为 1：1 或 1：3。

草炭：珍珠岩：蛭石为 2：1：1。

在混合基质时，不同的基质应加入一定量的营养元素，并搅拌均匀。

④基质的消毒

大部分基质在使用之前或使用一茬之后，都应该进行消毒，避免病虫害发生。常用的消毒方法有蒸汽消毒、太阳能消毒、化学药剂消毒等。

蒸汽消毒是将基质堆成 20 cm 高，长度根据地形而定，全部用防水防高温布盖上，用通气管通入蒸汽进行密闭消毒。运用此法，一般在 70～90 ℃条件下消毒 1 h 就能杀死病菌。此法效果良好、安全可靠，但成本较高。

太阳能消毒是在夏季高温季节，在温室或大棚中把基质堆成 20～25 cm 高，长度视情况而定，堆的同时喷湿基质，使其含水量超过 80%，然后用薄膜盖严，密闭温室或大棚，暴晒 10～15 天，此法的消毒效果良好。

化学药剂消毒常用的消毒剂有以下两种：

甲醛：甲醛是良好的消毒剂，一般将 40%原液稀释 50 倍，用喷壶将基质均匀喷湿，覆盖塑料薄膜，经 24～26 h 后揭膜，再风干 2 周后使用。

溴甲烷：将基质堆起，用塑料管将药剂引入基质中，使用量为 100～150 g/m²；基质施药后，随即用塑料薄膜盖严，5～7 天后去掉薄膜，晒 7～10 天后即可使用。溴甲烷有剧毒，并且是强致癌物，在使用时须注意安全。

（2）基质培的方法

①槽培

槽培是将基质装入一定容积的栽培槽中以种植花卉。人们可用混凝土和砖建造永久性的栽培槽。用于槽培的栽培槽应在槽内刷一层沥青或用塑料薄膜作衬里，水槽上面的种植床深 5～10 cm，底部托一层金属或塑料网，种植床内覆盖约 5 cm 厚的基质，如泥炭、木屑、谷壳、干草等。槽内营养液在播种或移植时，液面要稍高，离种植床面 1～3 cm，以不浸湿种植床面为宜。待植物的根系逐渐伸长，应使营养液面下降，以离床面 5～8 cm 为宜。槽内的装置要有出水和进水管，用来调整液面高度。

目前应用较为广泛的方法是在温室地面上直接用砖垒成栽培槽。为降低生产成本，也可就地挖槽，再铺薄膜。总的要求是防止渗漏并使基质与土壤隔离，为此可在槽底铺 2 层薄膜。

栽培槽的大小和形状取决于所要栽培的花卉。如果每槽种植两行，则槽宽一般为 0.48 m（内径）。如果多行种植，则槽宽只需方便田间管理即可。栽培槽的深度以 15～20 cm 为好，槽长可由灌溉能力、温室结构以及田间操作所需走道等因素来决定。槽的坡度至少应为 0.4%，以便获得良好排水性能。如有条件，则还可在槽底铺设排水管。

在基质装槽后，须布设滴灌管，营养液可由水泵泵入滴灌系统供给植株，也可利用重力法供液，无须动力。

②袋培

袋培是用尼龙袋或抗紫外线的聚乙烯塑料袋装入基质进行栽培。在光照较强的地区，塑料袋表面以白色为好，以便反射阳光并防止基质升温。在光照较少的地区，塑料袋表面以黑色为好，以利于吸收热量，保持袋中基质温度。

袋培的方式有两种：一种为开口筒式袋培，每袋装基质 10～15 L，种植 1 株花卉；

另一种为枕式袋培，每袋装基质 20～30 L，种植两株花卉。无论是开口筒式袋培还是枕式袋培，袋的底部或两侧都应该开两三个直径为 0.5～1.0 cm 的小孔，以便多余的营养液从孔中流出，防止根腐烂。

③岩棉栽培

岩棉栽培是指使用定型的用塑料薄膜包裹的岩棉种植垫（以下简称"岩棉垫"）做基质，种植时在其表面塑料薄膜上开孔，安放已经育好小苗的育苗块，然后向岩棉垫中滴加营养液的一种无土栽培方式。开放式岩棉栽培营养液灌溉均匀、使用准确，而且当水泵或供液系统发生故障时，对花卉造成的损失也较小。

当用岩棉栽培时须用岩棉块育苗，在育苗时将岩棉切成一定大小，除了上下两面，岩棉块的四周应用黑色塑料薄膜包上。这样可以防止水分蒸发和盐类在岩棉块周围积累，还可以提高岩棉块温度。当用岩棉栽培时，可以将种子直播在岩棉块中；也可以将种子播在育苗盘或较小的岩棉块中，当幼苗第一片真叶出现时，再移栽至大岩棉块中。

定植用的岩棉垫一般长 70～100 cm，宽 15～30 cm，高 7～10 cm，装在塑料袋内，每个岩棉垫种植 2 株。在定植前，应将温室内土地平整，在必要时铺上白色塑料薄膜。在放置岩棉垫时，注意要稍向一面倾斜，并沿倾斜方向在塑料底部钻 2～3 个排水孔。然后，在袋上开两个 8 cm 见方的定植孔，用滴灌的方法把营养液滴入岩棉块中，使之浸透后定植。在定植后即把滴灌管固定在岩棉块上，让营养液从岩棉块上往下滴，保持岩棉块湿润，促使根系迅速生长。在 7～10 天后，根系扎入岩棉垫，可把滴灌头插到岩棉垫上，以保持根基部干燥。

④立体栽培

立体栽培也称垂直栽培，是通过竖立起来的栽培柱或其他形式作为花卉生长的载体，充分利用温室空间和太阳能，发挥有限地面生产潜力的一种无土栽培形式。立体栽培主要适用于一些低矮花卉。立体栽培依其所用材料的硬度，又分为柱状栽培和长袋状栽培。

柱状栽培的栽培柱采用石棉水泥管或硬质塑料管，在管四周按螺旋位置开孔，植株种植在孔中的基质中；也可采用专用的无土栽培柱，栽培柱由若干个短的模型管构成，每一个模型管上有几个突出的杯形物，用以种花卉。柱状栽培一般采取底部供液或上部供液的开放式滴灌供液方式。

长袋状栽培是柱状栽培的简化，用聚乙烯袋代替硬管。栽培袋采用直径为 15 cm、厚 0.15 mm 的聚乙烯膜，长度一般为 2 m，内装栽培基质，待装满后将上下两端结紧，然后悬挂在温室中。袋子的周围开一些直径为 2.5～5 cm 的孔，用以种植花卉。长袋状栽培一般采用上部供液的开放式滴灌供液方式。

⑤立柱式盆钵无土栽培

立柱式盆钵无土栽培是一种将一个个定型的塑料盆填装基质后上下叠放，栽培孔交错排列，保证花卉均匀受光，供液管道由上而下供液的无土栽培技术。

⑥有机生态型无土栽培

有机生态型无土栽培是一种不用天然土壤而使用基质、不用传统的营养液灌溉植物根系而使用有机固态肥，并直接用清水灌溉作物的无土栽培技术。有机生态型无土栽培具有操作简单、一次性投资少、节约生产成本、对环境无污染、产品品质优良无公害等优点。

2.水培

水培就是不用任何固定基质，使花卉的根连续或不连续地浸入于营养液中的一种栽培方法。水培的方法主要有以下几种：

（1）薄层营养液膜法

薄层营养液膜法是一种仅有一薄层营养液流经栽培容器的底部，不断供给花卉所需营养、水分和氧气的水培方法。薄层营养液膜法所需的设施主要有种植槽、贮液池、营养液循环供液系统三个主要部分。

①种植槽

种植槽可以用面白底黑的聚乙烯薄膜临时围合成的等腰三角形槽，或用玻璃钢或水泥制成的波纹瓦作槽底，铺在预先平整压实的且有一定坡降（1：75 左右）的地面上，长边与坡降方向平行。因为营养液需要从槽的高端流向低端，故槽底的地面不能有坑洼，以免槽内积水。用硬板垫槽，可调整坡降。坡降不要太小，也不要太大，以保证营养液能在槽内浅层流动顺畅为好。

②贮液池

贮液池一般设在地平面以下，容量应足够供应全部种植面积。花卉所需的营养液，大株形花卉每株以 3～5 L 计，小株形花卉每株以 1～1.5 L 计。

③营养液循环供液系统

营养液循环供液系统主要由水泵、管道、过滤器及流量调节阀等组成。

当采用薄层营养液膜法时，营养液层深度不宜超过 1～2 cm，供液方法又可分为连续式或间歇式两种。其中，间歇式供液不仅可以节约能源，也可以控制花卉的生长发育，应当首选。它的特点是在连续供液系统的基础上加一个定时装置。薄层营养液膜法的特点是能不断供给花卉所需的营养、水分和氧气。但因营养液层薄，栽培难度大，尤其在遇短期停电时，花卉会面临水分胁迫，甚至有枯死的风险。

（2）深液流法

这种栽培方法与薄层营养液膜法差不多，不同之处是槽内的营养液层较深（5～10 cm），花卉根部浸泡在营养液中，其根系的通气靠向营养液中加氧来解决。这种方法的优点是弥补了在停电期间营养液循环供液系统不能正常运转的缺陷。

（3）动态浮根法

该方法的特点是在栽培床内进行营养液灌溉时，植物的根系随营养液的液位变化而上下左右波动。当营养液达到设定的深度（一般为 8 cm）后，栽培床内的自动排液器将营养液排出去，使水位降至设定深度（一般为 4 cm）。此时上部根系暴露在空气中可以吸收氧气，下部根系浸在营养液中不断吸收水分和养料，不会因夏季高温使营养液温度上升、氧气溶解度降低，可以满足植物的需要。

（4）浮板毛管法

该方法是在深液流法的基础上增加一块厚 2 cm、宽 12 cm 的泡沫塑料板，板上覆盖亲水性无纺布，两侧延伸入营养液中。通过毛细管作用，泡沫塑料板可始终保持湿润，根系可以在泡沫塑料板上生长，便于吸收水中的养分和空气中的氧气。此法可以使根际环境稳定，液温变化小，供氧充分。

（5）鲁 SC 系统

鲁 SC 系统又称"基质水培法"，是指在栽培槽中填入 10 cm 厚的基质，然后用营养液循环灌溉植物。这种方法可以稳定地供应水分和养分，所以栽培效果良好，但一次性投资成本较高。

（三）园林花卉无土栽培营养液的配制与管理

在无土栽培中，营养液非常重要。不同花卉对营养液的要求不同，主要与营养液的配方、浓度和酸碱度等有关。

1.营养液的配制

营养液包括水、大量元素、微量元素和超微量元素。无土栽培主要采用矿物质营养元素来配制营养液。使营养液具备植物正常生长所需的元素，又易被植物利用，这是人们在配制营养液时首先要考虑的。

（1）营养液的配制原则

第一，营养液必须含有植物生长所必需的全部营养元素。高等植物必需的营养元素有 16 种，其中碳、氢、氧由水和空气供给，其余 13 种由根部从土壤、溶液中吸收，所以营养液均应由含有这 13 种营养元素的各种化合物组成。

第二，含各种营养元素的化合物必须是根部可以吸收的状态，也就是可以溶于水的呈离子态的化合物。这些化合物大多都是无机盐类，也有一些是有机螯合物。

第三，营养液中各种营养元素的含量比例应符合植物生长发育的要求，而且是均衡的。营养液浓度对植物生长的影响很大，浓度太高，易造成根系失水，植株死亡；浓度太低，易导致营养不足，植物生长不良。

第四，营养液中各营养元素的无机盐类构成的总盐分浓度及其酸碱反应，应符合植物生长要求。

第五，在栽培植物的过程中，组成营养液的各种化合物应在较长时间内保持其有效状态。

第六，组成营养液的各种化合物的总体，在根吸收过程中造成的生理酸碱反应，应是比较平衡的。

（2）营养液的酸碱度

营养液的酸碱度是由水中的氢离子和氢氧离子浓度决定的。溶液的 pH 值小于 4.5，为强酸性；溶液的 pH 值为 4.6～5.5，为酸性；溶液的 pH 值为 5.6～6.5，为微酸性；溶液的 pH 值为 6.6～7.4，为中性；溶液的 pH 值为 7.5～8.0，为微碱性；溶液的 pH 值为 8.1～9.0，为碱性；溶液的 pH 值大于 9.0，为强碱性。

营养液的 pH 值关系到肥料的溶解度和植物细胞原生质膜对营养元素的通透性，直接影响到养分的存在状态、转化和有效性，因而是非常重要的。pH 值对营养液肥效的影响包括：一是直接影响植物吸收离子的能力，二是影响营养元素的有效性。对于绝大多数植物而言，适宜的 pH 值是 5.5～7.0。为了使营养液的 pH 值处在合适的范围内，在营养液配制好后应对其 pH 值进行测定和调整。

（3）营养液的组成

营养液是将含有各种植物所需营养元素的化合物溶解于水配制而成的，其主要原料就是水和各种含有营养元素的化合物。此外，营养液一般还含有少量络合物。

①水

无土栽培对用于配制营养液的水源和水质都有一些具体的要求。

a.水源

自来水、井水、河水、雨水和湖水都可用于营养液的配制，但无论哪种水源都不能有病菌，不能影响营养液的组成和浓度。所以，在使用前必须对水质进行检查化验，以确定其可用性。

b.水质

用来配制营养液的水，其 pH 值应为 6.5～8.5，溶氧接近饱和。此外，水中重金属及其他有害健康的元素含量不得超过最高容许值。

②含有营养元素的化合物

根据纯度的不同，化合物一般可以分为化学药剂、医用化合物、工业用化合物和农业用化合物。考虑到无土栽培的成本，配制营养液通常使用价格便宜的农业用化合物——农用化肥。

③络合物

络合物是一个金属离子与一个有机分子中两个提供电子的基团形成的环状构造化合物。金属离子被螯合剂的有机分子络合后，就不再容易发生化学反应而沉淀，但仍能被植物吸收。营养液的微量元素中以铁最易于络合，其次为铜、锌。

（4）营养液配制的方法

因为营养液中含有钙、镁、铁、锰、磷酸根和硫酸根等离子，在配制过程中掌握不好就容易产生沉淀。为了生产上的方便，在配制营养液时，相关人员一般先配制浓缩贮备液（母液），再稀释、混合配制工作营养液（栽培营养液）。

①母液的配制

母液一般分为 A、B、C 三种，称为 A 母液、B 母液、C 母液。A 母液以钙盐为主，凡不与钙作用而产生沉淀的盐类都可配成 A 母液。不与磷酸根形成沉淀的盐都可以配成 B 母液。C 母液由铁和微量元素配制而成。

②工作营养液的配制

在配制工作营养液时，为了防止沉淀形成，先加九成的水，然后依次加入 A 母液、B 母液和 C 母液，最后定容。工作营养液在配制好后，须测试并调整营养液的 pH 值和 EC 值（可溶性盐浓度），直到其与预配的值相符。

2.营养液的管理

（1）浓度管理

营养液的浓度管理直接影响植物的产量和品质,不同植物或同一植物在不同生育期所需的营养液浓度不同,要经常用电导仪检查营养液浓度的变化;要严格控制微量元素,否则会引起中毒。原则上任何一种元素的浓度都不能下降到它原来在溶液内浓度的50%以下。

配制营养液应采用易于溶解的盐类,以满足植物的需要。营养液浓度一般应控制在0.4%以内。

（2）pH值管理

在营养液的循环过程中,随着植物对离子的吸收,营养液的pH值会发生变化——变酸或变碱。此时需要对营养液的pH值进行调整。调整营养液Ph值所使用的酸一般为硫酸、硝酸,所使用的碱一般为氢氧化钠、氢氧化钾。在调整时,应先用水将酸（碱）稀释到1~2 mol/L,然后缓慢加入贮液池中,充分搅匀。

营养液的pH值要适当。一般当营养液的pH值为6.5时,植物优先选择硝态氮;当营养液的pH值在6.5以上或为碱性时,则优先选择铵态氮。营养液是缓冲液,要及时测定和保持其pH值。

（3）溶解氧管理

在营养液循环栽培系统中,根系呼吸作用所需的氧气主要来自营养液中的溶解氧。当营养液中的溶解氧不足时,须对营养液采取增氧措施。增氧措施主要是利用机械和物理的方法来增加营养液与空气接触的机会,增强氧气在营养液中的扩散能力,从而增加营养液中氧气的含量。

（4）供液时间与次数

无土栽培的供液方法有连续供液和间歇供液两种。基质栽培通常采用间歇供液方式,每天供液1~3次,每次5~10 min。供液次数多少要根据季节、天气、植株大小、生育期来决定。水培有间歇供液和连续供液两种。间歇供液一般每隔2h一次,每次15~30 min;连续供液一般是白天连续供液,夜晚停止。

（5）营养液的补充与更新

对于非循环供液的基质培,由于所配营养液是一次性使用的,所以不存在营养液的补充与更新。而循环供液方式存在着营养液的补充与更新问题。因为在循环供液过程中,每循环1周,营养液会被植物吸收、消耗,所以营养液量会不断减少。当回液量不足1

天的用量时，就需要补充添加。营养液在使用一段时间后，浓度会发生变化，甚至出现污染，这时就要把营养液全部排出，重新配制。注意在配制时，往往会发生沉淀或植物不能吸收利用的现象，因此要注意将某些化合物另外存放或更换其他化合物。当无法更换时，应重新加入新的化合物。

二、园林花卉的促成及抑制栽培

（一）园林花卉促成及抑制栽培的意义

花期调控是采用人为措施，使花卉花期提前或延后开花的技术。其中，使花卉的花期比自然花期提前的栽培技术称为促成栽培，比自然花期延迟的栽培技术称为抑制栽培。我国古代就有花期调控技术，有开出"不时之花"的记载。现代花卉产业对花卉的花期调控有了更高的要求。

（二）园林花卉促成及抑制栽培的原理

1.阶段发育理论

花卉在其一生中或一年中经历着不同的生长发育阶段。在生长阶段，花卉的细胞、组织和器官的数量不断增加，体积不断增大。随着营养物质的积累，花卉进入发育阶段，开始花芽分化。如果人为创造条件，使花卉提早进入发育阶段，花卉就可以提前开花。

2.休眠与催醒休眠理论

休眠是花卉个体为了适应生存环境，在历代的种族繁衍和自然选择中逐步形成的生物习性。要使休眠的花卉开花，就要根据休眠的特性，采取措施停止休眠，使其恢复活动状态，从而达到使其提前开花的目的。如果想延迟开花，就必须延长其休眠期，使其继续处于休眠状态。

3.花芽分化的诱导

有些花卉在进入发育阶段以后，并不能直接形成花芽，还需要一定的环境条件的诱导，这一过程称为成花诱导。诱导花芽分化的环境因素主要有两个：一是低温，二是光周期。

（1）低温

多数越冬的二年生草本花卉，部分宿根花卉、球根花卉及木本花卉需要低温作用。若没有持续一段时期的相对低温，那么它们始终不能成花。温度的高低与持续时间的长短因种类不同而异。多数园林花卉需要 0～5 ℃，天数变化较大，最大变动 4～56 天，并且在一定温度范围内，温度越低所需要的时间越短。

（2）光周期

很多花卉生长到某一阶段，每一天都需要一定时间的光照或黑暗才能诱导成花，这种现象叫光周期现象。长日照条件能促使长日照花卉开花，抑制短日照花卉开花；相反，短日照条件能促使短日照花卉开花，抑制长日照花卉开花。

（三）园林花卉促成及抑制栽培的技术

1.促成及抑制栽培的一般园艺措施

（1）调节花卉播种期和栽培期

不需要特殊环境诱导、在适宜的生长条件下只要生长到一定的大小即可开花的花卉种类，可以通过改变播种期和栽培期来调节开花期。多数一年生草本花卉属日中性，对光周期长短无严格要求，在适宜的地区或季节可分期播种。例如，翠菊的矮性品种，在春季露地播种，6～7 月开花；7 月播种，9～10 月开花；2～3 月在温室播种，5～6 月开花。

二年生花卉在低温下形成花芽和开花。在温度适宜的季节或冬季在温室保护下，也可调节播种期，使其在不同时期开花。例如，金盏菊在低温下播种约 30～40 天开花；在 7～9 月陆续播种，可于 12 月至翌年 5 月先后开花。

（2）采用修剪等措施

月季、茉莉、一串红等在适宜的条件下一年中可以多次开花，可以根据需要开花的时间提前一定时间对其进行修剪。例如，一串红从修剪到开花约 20 d，若 5 月 1 日需要一串红，可以在 4 月 5 日前后进行最后一次修剪；若 10 月 1 日需要一串红，可以在 9 月 5 日前后进行最后一次修剪。

（3）水肥控制

人为控制水分，强迫花卉休眠，再于适当时期供给水分，可解除休眠，又可使花卉发芽、生长、开花。采用此法可促使梅花、桃花、海棠、玉兰、丁香、牡丹等木本花卉在国庆节开花。一般来说，氮肥和水分充足可延迟开花，增施磷肥、钾肥有助于促进花芽分化。对菊花在营养生长后期追施磷肥、钾肥，可使其提前约 1 周开花。

2.温度处理

温度处理是指通过温度的作用调节休眠期、成花诱导与花芽形成期、花茎伸长期等主要进程，进而实现对花期的控制。大部分越冬休眠的多年生草本和木本花卉以及越冬期呈相对静止状态的球根花卉，都可以采用温度处理。

（1）增温处理

①促进开花

在温度较低的冬季处于休眠状态但花芽已经形成的花卉，自然开花需要待来年春季，若移入温室给予较高的温度（20～25 ℃），并增加空气湿度，就能提前开花。在入冬前，将一些春季开花的秋播草本花卉和宿根花卉放入温室，一般可使其提前开花。木本花卉必须是成熟的植株，并在入冬前已经形成花芽，且经过一段时间的低温处理才能提前开花。

通过增温来催花，首先要预定花期，然后根据花卉本身的习性来确定提前加温的时间。例如，在加温到 20～25 ℃、相对湿度增加到 80%以上时，垂丝海棠经 10～15 天就能开花，牡丹需要 30～35 天。

②延长花期

有些花卉在适宜的温度下，有不断生长、连续开花的习性，但在秋冬季节气温较低时，就会停止生长和开花。若能在停止生长之前及时将其移入温室，使其不受低温影响，并提供继续生长发育的条件，就可使其连续不断地开花。例如，月季、非洲菊、茉莉、美人蕉、大丽花等就可以采用这种方法来延长花期。需要注意的是，在温度下降之前要及时加温，否则一旦气温下降影响生长，再加温就来不及了。

（2）降温处理

①延长休眠期以推迟开花

一般多在早春气温回升之前，将一些春季开花的花卉移入冷室，可使其休眠期延长，从而推迟开花。冷室的温度应为 1～5 ℃。需要延长休眠期以推迟开花的花卉在进行降温处理时要少浇水，除非盆土干透，否则不浇水。在预定花期后，一般要提前 30 天以上将其移到室外，先放在避风遮阴的环境下养护，并经常喷水来增加湿度和降温，然后逐渐向阳光下转移，待花蕾萌动后再正常浇水和施肥。

②减缓生长以延迟开花

较低的温度能减缓花卉的新陈代谢，延迟开花。这种措施大多用于含苞待放或开始进入初花期的花卉，如菊花、天竺葵、八仙花、月季、水仙等。

③降温避暑

很多原产于夏季凉爽地区的花卉，在适宜的温度下能不断地生长、开花，但遇到酷暑就停止生长，不再开花，如仙客来、倒挂金钟等。为了满足夏季观花的需要，可以采用各种降温措施，使它们正常生长，进行花芽分化，或打破其夏季休眠的习性，使其不断开花。

④模拟春化作用，提前开花

改秋播为春播的草花，为了使其在当年开花，可以用低温处理萌动的种子或幼苗，使其通过春化作用在当年就开花，适宜的处理温度为 $0 \sim 5\ ℃$。

⑤降低温度，提前度过休眠期

休眠器官经一定时间的低温作用后，休眠即被解除，再给予转入生长的条件，就可以使花卉提前开花。

3.光周期处理

光周期处理的作用是通过光照处理促进花芽分化、诱导成花、促进花芽发育和打破休眠。

（1）光周期处理时期的计算

光周期处理开始的时期，是由花卉的临界日长和所在地的地理位置来决定的。例如，北纬40°，在10月初到翌年3月初的自然日长小于12 h，如果要使临界日长为12 h的长日照花卉在此期间开花，就要进行长日照处理。在花卉光周期处理中，计算日长小时数的方法与自然日长有所不同。每天日长的小时数应从日出前20 min至日落后20 min计算，因为在日出前20 min和日落后20 min之内的太阳散射光会对花卉产生影响。

（2）长日照处理

长日照处理用于长日照花卉的促成栽培和短日照花卉的抑制栽培。

①长日照处理方法

长日照处理的方法较多，常用的主要有以下几种：

延长明期法：在日落后或日出前给予一定时间的照明，使明期延长到该花卉的临界日长小时数以上。一般多采用日落后补光。

暗中断法：在自然长夜的中期给予一定时间照明，将长夜隔断，使连续的暗期短于该花卉的临界暗期小时数。通常冬季加光 4 h，其他时间加光 1～2 h。

间隙照明法：该法以暗中断法为基础，但午夜不用连续照明，而改用短的明暗周期，一般每隔 10 min 闪光几分钟。其效果与暗中断法相同。

②长日照处理的光源与照度

长日照处理的常用光源为白炽灯、荧光灯。不同花卉的适用光源有所差异，短日照花卉多用白炽灯，长日照花卉多用荧光灯。不同花卉的照度有所不同。例如，紫菀需要 10 lx 以上，菊花需要 50 lx 以上，一品红需要 100 lx 以上。50～100 lx 通常是长日照花卉诱导成花的光强。

（3）短日照处理

①方法

在日出之后至日落之前利用黑色遮光物对花卉进行遮光处理，使日长短于该花卉要求的临界小时数的方法称为短日照处理。短日照处理以春季和夏初为宜。在盛夏做短日照处理时，应注意防止高温危害。

②遮光程度

遮光程度应保持低于各类花卉的临界光照度，一般不高于 22 lx。一些花卉还有特定的要求，如一品红不能高于 10 lx，菊花应低于 7 lx。

4.应用花卉生长调节剂

在园林花卉栽培中使用一些植物生长调节剂，如赤霉素、萘乙酸等，对花卉进行处理，并配合其他养护管理措施，可促使其提前开花，也可使其延后开花。对于园林花卉，生长调节剂的主要作用有以下三种：

（1）促进诱导成花

例如，嘧啶醇可诱导多种花卉成花，乙烯利、乙炔对凤梨科的花卉有诱导成花的作用，赤霉素对部分花卉有诱导成花作用。

（2）打破休眠，促进花芽分化

打破休眠、促进花芽分化常用的生长调节剂有激动素、吲哚乙酸、萘乙酸、乙烯等。通常用一定浓度的药剂喷洒花蕾、生长点、球根或整个植株，或用快浸和涂抹的方式，可以促进花芽分化。处理的时期为花芽分化期。

（3）抑制生长、延迟开花

抑制生长、延迟开花常用的生长调节剂有三碘苯甲酸、矮壮素等。在花卉旺盛生长期用这些药剂处理花卉，可明显延迟花期。

在应用花卉生长调节剂对花卉花期进行控制时，应注意以下事项：

第一，相同药剂对不同花卉品种的效应不同。例如，赤霉素对有些花卉，如万年青，有促进成花的作用；对多数花卉，如菊花，有抑制成花的作用。

第二，相同的药剂因浓度不同，会产生截然不同的效果。例如，生长素在浓度较低时会促进生长，在浓度较高时会抑制生长。

第三，相同药剂用在相同的花卉上，使用时期不同也会产生不同效果。例如，吲哚乙酸对藜的作用，在成花诱导之前使用可抑制成花，而在成花诱导之后使用可促进开花。

第四，不同生长调节剂使用方法不同。例如，矮壮素、B_9、CCC 可叶面喷施，嘧啶醇、多效唑可土壤浇灌，6-苄基腺嘌呤可涂抹。

第五，环境条件会对生长调节剂产生影响。有些生长调节剂以低温为有效条件，有些以高温为有效条件；有些在长日照条件下起作用，有些则在短日照条件下起作用。所以在使用时，须根据环境条件选择合适的生长调节剂。

第三章　园林植物养护管理

第一节　园林树木生长调查与成活调查

一、园林植物生长调查

（一）树木根系生长的调查

原产于温带、寒带的树木根系生长所要求的温度较低，与地上部分相比，生长开始得早，结束得晚，并且只要能满足所需条件，全年都可以不断地生长。但是，当外界环境条件恶劣时，根则被迫停止生长，进入休眠期。亚热带树种根系活动要求温度高，因此在北方栽植时先发芽后发根。在寒冷地区的春天，气温高于地温，树木通常是先发芽后发根。一般在叶片大量形成后、枝梢生长缓慢或停止生长时，树木发根最多。而根系与果实发育的高峰又是相反的，所以当年的结实量也会明显影响根系的生长。这是树木体内营养物质调节与平衡的结果。

（二）树木枝的生长调查

1.树木枝的加长生长调查

（1）新梢开始生长期调查

在新梢开始生长期，叶芽萌发后，幼叶伸出芽外，随着节间的伸长，幼叶分离。叶片由前期形成的芽内幼叶原始体发育而成，其叶面积较小，叶形与后期叶有一定的差别。叶的寿命也较短，叶腋内侧芽的发育质量差，常成为潜伏芽。此期的新梢生长主要依靠树体在上一生长季节贮藏的营养物质，生长速度慢。

（2）新梢旺盛生长期调查

新梢在开始生长后，随着叶片的增多和叶面积的加大，很快进入旺盛生长期。在此期内，枝条明显伸长，幼叶迅速分离，叶片增多，叶面积加大，光合作用加强，生长量加大，节间逐渐变长，糖分含量低，树体内非蛋白氮含量多，新梢生长加速。叶片具有该种或品种的代表性特点：叶片较大、寿命长、叶绿素含量高、同化能力强、侧芽饱满。此期枝条的生长由利用贮藏物质转为利用当年的同化物质。所以，上一生长期的营养贮藏水平和本期肥水的供应对新梢生长势的强弱有决定性的作用。

（3）枝条缓慢生长与停止生长期调查

此期枝条的节间缩短，新梢生长量减少，生长速度变缓，顶芽形成，新生叶片变小，枝条生长停止，叶片衰老，光合作用逐渐减弱，枝内形成木栓层，枝条开始积累淀粉和半纤维素，蛋白质的合成加强，枝条充分木质化并转向成熟。枝条停止生长的早晚与树种、部位及环境条件关系密切，一般北方树种早于南方树种，成年树木早于幼年树木，观花和观果树木的短果枝或花束状果枝早于营养枝，树冠内部枝条早于树冠外围枝条，有些徒长枝会因没有及时停止生长而受冻害。有时由于土壤缺乏营养、透气性差、过于干旱等，枝条会提前1～2个月结束生长；但后期施用过多氮肥、灌水过多等均能导致枝条生长期延长，在北方这些树木枝条极易受到冻害。

2.树木枝的加粗生长调查

枝条加粗生长比加长生长开始得晚，停止得也晚。同一株树下部枝条加粗生长比上部枝条稍晚。在春天芽萌动时，芽附近的形成层先开始活动，再向枝条基部发展。枝条下部形成层细胞开始分裂的时期出现得相对较晚。枝条加粗生长所需的营养主要是上年贮备的，当新梢不断加长，形成层活动持续进行，新梢生长越旺盛，加粗生长就越快，此时形成层活动强烈且延续的时间长。加长生长高峰与加粗生长高峰是相互错开的，当加长生长旺盛时，加粗生长就变得较缓慢，在加长生长后1～2周才出现加粗生长的高峰。一般在秋季，由于叶片积累了大量光合产物，所以还有一次加粗生长高峰，枝干明显加粗。

有时部分植株的当年新生顶芽在7～8月期间再进行延伸，出现第二次生长，第二次抽梢往往不能形成顶芽或顶芽瘦小，对第二年的生长有不利影响。

（三）树木物候观测调查

树木物候观测调查指对乔木和灌木一年中的生长情况进行的调查，一般从春季芽开始膨大变色时开始，至其生长结束进入休眠期止。

二、新栽植树木成活调查

（一）调查的目的

对新栽植树木进行成活调查，一方面是为了及时补栽，不影响绿化效果；另一方面是为了分析生长不良与死亡的原因，总结经验与教训，以指导今后的绿化实践工作。在春季与秋季，新栽植树木在生长初期，靠体内的营养一般也能抽枝、展叶，表现出喜人的景象。但是其中有一些植株是"假活"，因树内所储存的水分和养分的供应而发芽。一旦气温升高，水分亏损，这种"假活"植株就会萎蔫，若不及时救护，就会在高温干旱期间死亡。因此，新栽植树木是否成活至少要经过第一年高温干旱的考验以后才能确定。

（二）新栽植树木生长不良或死亡的原因

一是苗木质量问题，如：相关人员在起苗时没按规程操作，伤根太多，苗木带的须根太少，枝叶过多，造成树冠水分代谢不平衡；在起苗后没有立即栽植或假植，使根系裸露时间过长，导致根系干死。

二是栽植技术问题，如：种植穴太小，造成根系不舒展，出现窝根现象；在栽植时埋土过深或过浅，填充土壤没有踩实。

三是养护管理问题，如在栽植后没有及时灌水、种植地积水、栽植穴踩压等造成机械性损伤。

四是栽植时间问题，如在北方的晚秋栽植不耐寒的树木。

五是苗木适应性问题，新栽植树木不适应当地的气候条件，如南树北移，树木没有很好地进行抗寒锻炼，因而生长不良或死亡。

（三）调查阶段与方法

调查一般分两个阶段进行：一是在栽后1个月左右，调查栽植成活的情况；二是在秋末，调查栽植成活率。

调查方法：如果栽植量大，则可以分地段对不同树种进行抽样调查；如果栽植量小，则可全部进行调查。在调查时，调查人员应测定已成活植株的新梢生长量，确定生长势的等级，最后分级归纳树木成活的具体情况，做表上报或存档。

（四）补植

在每次调查后，若发现无挽救希望或挽救无效而死亡的树木，则应及时进行补植。如果由于季节、树种习性与条件的限制，于生长季补植无成功的把握，则可在适宜栽植的季节补植。补植的树木规格应与该地同种树木一致。选用的补植苗木质量与养护管理水平都应高于一般树木。

第二节　园林树木的养护管理

一、园林植物成活期的养护管理

（一）扶正培土

在园林树木成活期，若树盘整体下沉或局部下陷，应及时在空缺处覆土填平，防止其雨后积水烂根；要铲除耙平树盘堆积过高的土壤；对于倾斜的树木，应采取措施扶正。

1.扶正时间

如果树木刚栽不久就发生歪斜，则应立即扶正。对错过最佳扶正时期的，落叶树种应在休眠期间扶正，常绿树种应在秋末扶正。

2.扶正的技术措施

在扶正树木时不能强拉硬顶，以免损伤根系，要先检查根颈入土的深度。如果栽植较深，则应在树木倒向一侧根盘以外，挖沟至根系以下，向内掏土至根颈下方，用铁锹或木板伸入根团以下向上撬起，向根底塞土压实，即可扶正。如果栽植较浅，则应在树木倒向的反侧掏土，稍微超过树干轴线以下，将掏土一侧的根系下压，回土踩实。对于未立支架的大树，在扶正培土以后还应设立支架。

（二）水分管理

树木在经过移栽后，由于根系的损伤和生长环境的变化，对水分的需要十分敏感。因此，新栽树木的水分管理是成活期养护管理的重要内容，包括树木地上部分的水分管理和地下土壤的水分管理两部分。土壤水分供应是否充足、合理、及时是新栽树木能否成活的关键。

1.灌水与排水

树木在栽后一定要及时灌 3 遍水，然后封堰。在干旱季节降雨少时，若发现树木缺水，要立即围土封堰进行灌水，以保证地上与地下水分代谢的适当均衡。在一般情况下，树木在栽后第一年应灌水 5～6 次（根据具体情况决定）。

在多雨季节要排水，特别是在南方，对于积水的树木，要在树干的基部适当培土，使树盘的土面适当高于地面，以使树木不被水淹。

2.树冠喷水

向树冠喷水，可以减弱树冠水分的蒸腾作用。对已经萌芽树木的树冠喷水，时间应在上午 10 时以前、下午 4 点以后。在移栽珍贵枝叶较多的大树时，可以安装高喷装置，每隔 1～2 小时喷一次。喷水要细而均匀，树干和树冠各部位及其周围空间都要喷到，在喷水时可以用高压喷水枪，要细雾喷洒，多次少量，以免水滞留在土壤中，造成根部积水。

3.使用抗蒸腾剂或架遮阴网

使用抗蒸腾剂或架遮阴网，可减少水分蒸发及防止强烈日晒。

（三）修剪、抹芽除萌

树体地上部分的萌发，能促进根系的生长。因此，对新栽植的树木，特别是移植时进行过重度修剪的树木上萌发的芽要加以保护，以使其抽枝发叶，待树体恢复生长后再修剪。在栽植过程中，树木虽然进行了修剪，但后来发现发芽、展叶、抽枝缓慢或枝叶萎蔫，通过采用浇水、喷雾、叶面喷肥等养护措施仍不能缓解这种现象时，可进行补充修剪。

树木经过修剪，树干或树枝可能发出许多萌蘖枝，其既消耗营养，又扰乱树形。对于萌蘖枝，除长势较好、位置合适的外，其余应尽早抹除。

（四）松土除草

当因浇水、降雨及人为活动等导致树盘土壤板结、透气不良而影响树木生长时，应及时松土，以促进土壤与大气的气体交换。在新栽树木成活期间，松土不要太深，避免伤及新根。

有时树木基部土壤会长出许多杂草或其他植物，与树木争夺水分和养分，藤本植物还会缠绕树身，妨碍树木正常生长，所以应及时除去。

通常除草与松土同时进行，并可把除下来的杂草覆盖在树盘上。有时为了防止土壤水分蒸发太快，人们还会在树盘上覆盖树叶、树皮或碎木片，栽植地被植物。

（五）施用生长液与施肥

树木在栽植后，有时地下根系恢复缓慢，不能及时吸收足够的水分与养分供给地上部分生长的需要，此时应适当施用生长素溶液，如萘乙酸、吲哚丁酸、3 号生根粉等，刺激其尽快发出新根。

树木栽后不久，发现新叶停止生长或者枝叶萎蔫，可以试验性地进行叶面喷肥。

二、园林树木树体的养护管理

（一）造成树木受损的非感染和传播性因素

1.树冠结构

树木的树冠构成基本分为两种类型：一类有明显的主干，顶端生长优势显著；另一类无明显的主干。

（1）有主干型

有主干型树木如果中央主干发生虫蛀、损伤、腐朽，则其上部的树冠会受影响。如果中央主干折断或严重损伤，则有可能形成一个或几个新的主干，其基部的分枝处连接强度较弱。有的树木具有双主干，这两个主干在生长过程中逐渐相接，在相连处夹嵌树皮，而其木质部的年轮组织只有一部分相连，结果在两端形成突起，使树干成为椭圆状、橄榄状。随着直径的生长，主干交叉处的外侧树皮出现褶皱，然后交叉连接处产生劈裂，这类情况危险性极大，必须采取修补措施来进行加固。

（2）无主干型

此类树木通常由多个直径和长度相近的侧枝构成树冠,它们的排列在一定程度上影响着树冠结构的稳定性。以下几种情况构成潜在危险的可能性较大:几个一级侧枝的直径与主干直径相似;几个直径相近的一级侧枝几乎着生在树干的同一位置;老树的树冠仍然有较旺盛的生长。

2.分枝角度

侧枝在分枝部位曾因外力而劈裂但未折断,一般在裂口处可形成新的组织而愈合,但该处易发生病菌感染而腐烂。如果发现有肿突、锯齿状的裂口,则应特别注意检查。对于有上述情况的侧枝,应适当剪短以减轻其重,否则侧枝前端下沉可能造成基部劈裂。侧枝较重还会撕裂其下部的树皮,导致该侧根系死亡。

3.树冠偏冠

所谓树冠偏冠,就是树冠一侧的枝叶多于其他方向,树冠不平衡,树干受风的影响而呈扭曲状。如果树木长期在这种情况下生长,木质部纤维就会呈螺旋状方向排列来适应外界的应力条件,在树干外部可看到螺旋状的扭曲纹。当受到相反方向的作用力时,如出现与主风方向相反的暴风等,扭曲的树干易沿螺旋扭曲纹产生裂口,如果不及时处理,这类伤口就会成为真菌感染的入口。

4.树干内部裂纹

当树干横断面出现裂纹,在裂纹两侧尖端的树干外侧形成肋状隆起的脊时,如果该树干裂纹在树干断面及纵向延伸,肋脊在树干表面不断外突,并纵向延长,则会形成类似板状根的树干外突。树干内断面裂纹如果被今后生长的年轮包围、封闭,则树干外突程度小而呈近圆形。因此,从树干的外形饱圆度可以初步诊断内部的情况,但必须注意有些树种树干形状的特点不能一概而论。树干外部出现条状肋脊,表明树干本身的修复能力较强,一般不会发生问题。但如果树干内部出现裂纹而又未能及时修复,形成条肋,树干外部出现纵向的条状裂纹,则树干最终可能会纵向劈成两半。

5.分枝角度

侧枝特别是主侧枝与主干连接的强度要比分枝角度重要,侧枝的分枝角度对侧枝基部连接强度的直接影响不大,但分枝角度小的侧枝生长旺盛,而且与主干的关系要比那些水平的侧枝强。

6.夏季树枝折断和垂落

夏季炎热无风的下午,会出现树枝折断垂落的现象。在一般情况下,垂落的树枝大多位于树冠边缘，呈水平状态，且远离分枝的基部。断枝的木质部一般完好，但可能在髓心部位出现色斑或腐朽，这些树枝可能在以前受到过外力的损伤但未表现症状，因此难以预测和预防。

7.树干倾斜

树干严重向一侧倾斜的树木具有潜在的危险性，若位于重点监控的地方，应采取必要的措施。

8.树木根系问题

（1）根系暴露

如在大树树干基部附近挖掘、取土，导致树木大侧根暴露于土表，甚至被切断，此类树木在城市中就会成为不安全的因素。它的不安全程度还受树体高度、树冠枝叶浓密程度、土壤厚度和质地、风向、风速等因素的影响。

（2）根系固着力差

在一些立地条件下，如土层很浅、土壤含水量过高，树木根系的固着力差，不能抵抗大风等异常天气条件，甚至不能承受树冠的重负，特别是在严重水土流失的立地环境下，常见主侧根裸露在地表。因此，在土层较浅的立地环境下不宜栽植大乔木，或必须通过修剪来控制树木的高度和冠幅。

（3）根系缠绕

在树木栽植时由于栽植穴过小，人为地把侧根围绕在树干周围，或由于根系周围的土壤问题，侧根无法伸展，所以侧根围绕主根生长，危害性较大。此类情况经常在苗圃中就已经形成，所以在苗木栽植前要认真选择苗木。

（4）根系分布不均匀

树木根系的分布一般与树冠范围相对应，有时由于长期受来自一个方向的强风作用，迎风一侧的根系要长些，密度也高。如果这类树木迎风一侧的根系受到损伤，就可能造成较大的危害。另外，在一些建筑工地，筑路、取土、护坡等工程会破坏树木的根系，甚至有的树木几乎一半根系被切断或暴露在外，这些树木更容易倾倒。

（5）根系感病

能使树木根系感病的病菌很多，根系问题通常导致树木出现严重的健康问题。在树木出现症状之前，可能根系的问题就已经存在了。当一些树木的主根系因病害受损长出不定根时，新的根系能很快生长以支持树木的水分和营养，而原来的主根系可能不断地丧失支持树木的能力，这类问题通常发生在树干的基部被填埋、雨水过多、灌溉过度、根部覆盖物过厚或者地被植物覆盖过多的情况下。

（二）园林植物树体的养护管理

1.树干伤口的治疗

（1）清理伤口

对于枝干上由病、虫、冻、日灼或修剪等造成的伤口，需用锋利的刀刮净削平四周，使皮层边缘呈弧形。

（2）消毒

对处理好的树干伤口进行消毒可用 2%～5%硫酸铜溶液、石硫合剂原液。

（3）涂抹保护剂

对于修剪造成的伤口，要将伤口削平，之后涂以保护剂。选用的保护剂要容易涂抹且黏着性好，受热不融化，不透雨水，不腐蚀树体组织，同时又有防腐消毒的作用。在大量应用时，也可用黏土加少量的石硫合剂混合物作为涂抹剂。用含有 0.01%～0.1%的 a-萘乙酸膏涂在伤口表面，可促进伤口愈合。对于受雷击的树木枝干，应将烧伤部位锯除并涂以保护剂。

（4）加固保护

当风使树干折裂时，要立即用绳索捆缚加固，然后对伤口处消毒并涂抹保护剂。根据现场情况，可以考虑用两个半弧圈的铁箍加固，为了防止摩擦树皮，要在铁箍与树干之间垫软物，再用螺栓连接，随着干径的增粗逐渐放松螺栓的松紧度；还可以将带螺纹的铁棒或螺栓旋入树干，起到连接和夹紧的作用。

2.树皮修补

在春季及初夏的形成层活动期，树皮极易受损，与木质部分离。当出现上述情况时，可进行适当的处理，使树皮恢复原状，即采取措施保持木质部及树皮的形成层湿度，小心地从伤口处去除已经被撕裂的树皮碎片，重新把树皮覆盖在伤口上，用钉子或强力防水胶带固定，并用潮湿的布带、苔藓、泥炭等包裹伤口，避免太阳直射。

在处理后 1～2 周方可打开包裹物，检查树皮是否生存、愈合。如果在树皮周围已出现愈伤组织，则可去除包裹物，但要继续遮光。

3.移植树皮

有时在树干上捆绑铁丝，会造成树木的环状损伤。对于此类情况，可以补植一块树皮，使上下已断开的树皮重新连接，恢复传导功能。具体操作如下：

第一，清理伤口，在伤口上下部位铲除一条树皮，形成新的伤口带，宽约 2 cm，长约 6 cm。

第二，在树干的适当部位切取一块树皮，宽度与清理的伤口带一致，长度较伤口带稍短。

第三，把新取下的树皮覆盖在清理完的伤口上，将其用涂有防锈清漆的小钉固定在伤口上。

按上述操作过程，可将整个树干的伤口全部用树皮覆盖。在植皮操作时一定要保持伤口湿度，在全部接完后用湿布等包扎物将移植的树皮伤口上下 15 mm 范围内包扎好，在其上用强力防水胶带再次包扎，包扎范围应上下超过里层材料各 25 mm。经过 1～2 周后移植的树皮即可愈合，形成层与木质部重新连接。

4.桥接和根接

（1）桥接

一些庭园大树树体受到病虫害、冻害、机械损伤后，树皮会形成大面积损伤，形成树洞，树木生长势会受到阻碍，影响树液流通，致使树木严重衰弱。对于此类情况，可采取桥接技术恢复树势。

桥接是用几条长枝连接受损处，使上下连通以恢复树势。具体操作如下：首先，将树体的坏死树皮切削掉，选树干上树皮完好处，利用树木的一年生枝条作接穗，根据皮层切断部位的长短确定所需枝接接穗；其次，在树干连接处（可视为砧木）切开和接穗宽度一致的上下接口，接穗稍长一点，将上下削成同样削面插入，固定在树皮的上下接口内，使二者形成层吻合，并用塑料绳及小钉加以固定；最后，在接合处涂保护剂封口，促进伤口愈合。

（2）根接

根颈及根部受伤害，会使树体丧失吸收养分和水分的能力，破坏植株地上与地下部分的平衡。为此，可以采用根接的方法，在春季萌发新梢时或在秋季休眠前，将地下已经损伤或衰弱的侧根更换为粗壮健康的新根。

5.吊枝和顶枝

吊枝是指用单根或多根金属线、钢丝绳将树枝与树干或其他树枝连接起来，以防止树枝下垂折断，降低树枝基部的承重的方法。吊枝也可以通过悬吊的缆索把原来由树枝承受的重量转移到树干的其他部分或另外增设的构架之上。

顶枝的作用与吊枝基本相同。顶枝是指采用金属、木桩、钢筋混凝土材料做支柱，让支柱从下方、侧方承重，以减少树枝或树干的压力的方法。支柱应有坚固的基础，上端与树干连接处要有适当形状的托杆和托碗，并加软垫，以免损伤树皮。立支柱的同时还要考虑到美观，要与周围环境协调一致。

此外，还可以用铁索将几个主枝连接起来，这种加固技术对树体更有效。

6.涂白

在日照强烈、温度变化剧烈的大陆性气候地区，利用涂白能减少树木地上部分吸收的太阳辐射热，延迟芽的萌动期。涂白的树干能反射阳光，减少枝干温度的局部增高，从而有效地预防日灼危害。在杨树、柳树栽完后马上涂白，还可防蛀干害虫。

第三节　园林花卉的养护管理

一、土壤改良

（一）土壤质地

土壤颗粒是指在岩石、矿物的风化过程中及土壤成土过程中形成的碎屑物质。土壤中大小不同的颗粒所占的比例不同，就形成了不同的土壤质地。不同的土壤质地往往具有不同的生产性状。

1.沙土

土壤颗粒的粒径大于 0.05 mm，粒间空隙大；通透性强，排水性好，但保水性差；有机质含量少，保肥能力差，对土壤肥力贡献小；土温易增易降，昼夜温差大。沙土常用作黏土的改良，也常用作扦插的基质和多肉植物的栽培基质。

2.黏土

土壤颗粒的粒径小于 0.002 mm，粒间空隙小；通透性差，排水性差，但保水性好；含矿质元素和有机质较多，保肥能力强；土壤昼夜温差小。除用于栽培少数喜黏质土壤的木本和水生花卉外，一般不直接用于栽培花卉。黏土可和其他土类配合使用，或用于改良。

3.壤土

土壤颗粒的粒径为 0.002～0.05 mm，粒间空隙居中；土壤性状也介于沙土和黏土之间，通透性好，保水保肥力强；有机质含量多，土温比较稳定。壤土对花卉生长比较有利，符合大多数花卉种类的要求。

（二）土壤性状与花卉的生长

1.土壤结构

土壤结构影响土壤的热、水、气、肥等状况，在很大程度上决定了土壤肥力水平。土壤结构有团粒状、块状、核状、柱状、片状、单粒结构等。相比之下，团粒结构最适合花卉的生长，是最理想的土壤结构。因为团粒结构外表呈球形，表面粗糙，疏松多孔，在湿润状态下手指稍用力就能压碎，放在水中能散成微团聚体。团粒结构是土壤肥料协调供应的调节器，有团粒结构的土壤，其通气、持水、保湿、保肥性能良好，而且土壤疏松多孔，有利于种子发芽和根系生长。

2.土壤通气性与土壤水分

由于土壤中存在大量活动旺盛的生物，它们的呼吸均会消耗大量氧气，故土壤中氧气含量低于大气，为 10%～21%。在一般情况下，当土壤氧含量从 12%降至 10%时，根系的正常吸收功能开始减弱；当土壤氧含量低至一定限度时（多数植物为 3%～6%），根系的吸收停止；若再降低，就会导致已积累的矿质离子从根系排出。土壤二氧化碳的含量远高于大气，可达 2%或更高。虽然二氧化碳被根系固定成有机酸后，释放的氢离子可与土壤中的阳离子进行电子交换，但高浓度的二氧化碳和碳酸氢根离子对根系呼吸及吸收均会产生抑制作用，当严重时会使根系窒息死亡。

俗语说"有收无收在于水"，土壤水分对植物的生长发育起着至关重要的作用。适宜的土壤含水量是花卉健康生长的必备条件。土壤水分过多则通气不良，严重缺氧及高浓度二氧化碳的毒害，会使根系溃烂、叶片失绿，直至植株萎蔫。尤其在土壤黏重的情况下，再遇夏季暴雨，通气不良加雨后阳光暴晒，会使根系吸水不利而产生生理干旱。在适度缺水时，良好的通气反而可使根系发达。

3.土壤酸碱度

土壤酸碱度对花卉的生长有较大的影响，诸如必需元素的可给性、土壤微生物的活动、根部吸水吸肥的能力以及有毒物质对根部的作用等，都与土壤酸碱度有关。多数花卉喜微酸性或中性土，适宜的土壤 pH 值为 5.5～7.8。特别喜酸性土的花卉如杜鹃、山茶、八仙花等要求土壤的 pH 值为 5.5～6.8。三色堇要求土壤的 pH 值为 5.8～6.2，pH 值大于 6.5 会导致其根系发黑、叶基发黄。土壤酸碱度会影响土壤养分的分解和有效性，进而影响花卉的生长发育。例如，在酸性条件下，磷酸可固定游离的铁离子和铝离子，使之成为有效形式；可与钙形成沉淀，使之成为无效形式。因此，在 pH 值为 5.5～6.8 的土壤中，磷酸、铁、铝均易被吸收。pH 值过高、过低均不利于养分吸收：pH 值过高会使钙、镁形成沉淀，使锌、铁、磷的利用率降低；pH 值过低会使铝、锰的浓度增高，对植物有害。

4.土壤盐浓度

土壤中盐浓度的高低会影响植物的生长。植物生长所需要的无机盐类都是根系从土壤中吸收而来的，所以土壤盐浓度过高，渗透压就高，会引起根部腐烂或叶片尖端枯萎的现象。盐类浓度的高低一般用 EC 值表示，单位是 S/cm，EC 值高表示土壤中盐浓度高。每一种花卉都有一个适当范围的 EC 值，如香石竹为 0.5～1.0 S/cm，一品红为 1.5～2.0 S/cm，百合、菊花为 0.5～0.7 S/cm，月季为 0.4～0.8 S/cm。土壤的 EC 值在适宜的数值以下表示需要肥料。当土壤的 EC 值在 2.5 S/cm 以上时，会产生盐类浓度过高的生理障碍，需要大量灌水冲洗以降低 EC 值。

5.土壤温度

土壤温度也影响花卉的生长。早春，当进行播种繁殖和扦插繁殖时，气温高于地温，一些种子难以发芽；插穗则只萌发而不发根，结果水分、养分很快消耗，插穗枯萎死亡。因此，在早春适当提高土温，可以促进种子萌发及插穗生根。不同种类的花卉及花卉的不同生长发育阶段，对土壤性状的要求也有所不同。

露地一、二年生夏季开花的花卉忌干燥及地下水位低的沙土，秋播花卉以黏壤土为宜。宿根花卉幼苗期喜腐殖质丰富的沙壤土，而生长到第二年后以黏壤土为好。球根花卉一般以下层沙砾土、表土沙壤土最理想，但水仙、风信子、郁金香、百合、石蒜等则以黏壤土为宜。

（三）土壤改良技术

在实际生活中，符合种植花卉要求的理想自然土壤是很少的。因此，在种植花卉之前，要对土壤质地、土壤养分、pH 值等进行检测，当必要时还应检测 EC 值，为花卉栽培提供适宜的条件。过沙、过黏、有机质含量低等土壤结构差的土质，可通过掺客土或加沙或施用有机肥等方法加以改良。可施用的有机肥包括堆肥、厩肥、锯末、腐叶、泥炭等。合理的耕作也可以在一定时期内改善土壤的结构状况。施用土壤结构改良剂可以促进团粒结构的形成，从而有利于花卉的生长发育。

由于花卉对土壤酸碱度要求不同，在栽培前应根据花卉种类或品种的要求，对酸碱度不符合要求的土壤进行改良。一般碱性土壤，每 10 m² 施用 1.5 kg 的硫酸亚铁后，pH 值可相应降低 0.5～1.0，黏性重的碱性土，用量应适当增加。当土壤酸性过高不适宜花卉生长时，应根据土壤情况用生石灰中和，以提高土壤的 pH 值。草木灰是良好的钾肥，也可起到中和酸性的作用。对于含盐量高的土壤，采用淡水洗盐的方法，可降低土壤的 EC 值。

二、水肥管理

（一）水分管理

1.花卉的需水特点

不同的花卉，其需水量有极大差别，这与原产地的雨量及其分布状况有关。一般宿根花卉根系强大并能深入地下，因此需水量较其他花卉少。一、二年生花卉多数容易干旱，灌溉次数应较宿根花卉和木本花卉多。对于一、二年生花卉，灌水渗入土层的深度达 30～45 cm，草坪达 30 cm，一般灌木达 45 cm，就能满足花卉对水分的需求。

同一株花卉不同生长发育阶段对水分的需求量也不相同。在种子发芽时需要较多的水分，以便种子吸水膨胀，促进萌发和出苗。如水分不足，则种子较难萌发，或即使萌发，胚轴也不能伸长而影响及时出苗。在幼苗期，植株叶面积小，蒸腾量也小，需水量不多，但根系分布浅且表层土壤不稳定，易受干旱的影响，必须保持稳定的土壤湿度。营养生长旺盛期和养分积累期是根、茎、叶等同化器官旺盛生长的时期，应尽量满足其水分需求。但在花开始形成前，水分不能供应过多，以抑制其茎叶徒长。在开花期，花卉对水分要求严格，水分过多会引起落花，不足又容易导致早衰。

花卉在不同季节和不同气象条件下，对水分的需求也不相同。在春秋季干旱时期，应有较多的灌水；在晴天、风大时应比阴天、无风时多灌水。

2.土壤状况与灌水

花卉根系从土壤中吸收生长发育所需的营养和水分，只有当土壤的理化性质满足花卉生长发育对水、肥、气和温度的要求时，花卉才能生长良好。

土壤的性质影响灌水质量。优良的园土持水能力强，多余的水也容易排出。黏土持水量大，但粒间空隙小，水分渗入慢，灌水易引起流失，还会影响花卉根部对氧气的吸收，造成土壤的板结。疏松土质的灌溉次数应比黏重的土质多，所以对黏土应特别注意干湿相间的管理，湿则能满足开花所需的水分，干则有利于土壤空气含量的增加。沙土颗粒愈大，持水力则愈差。经粗略地测算，30 cm 厚的沙土持水仅 0.6 cm，同样厚度的沙壤土持水为 2.0 cm，细沙壤为 3.0 cm，而 30cm 厚的粉沙壤、黏壤、黏土持水达 6.3～7.6 cm。因此，不同的土壤需要不同的灌水量。土壤性质不良或是管理不当，会引起花卉缺水。增加土壤中的有机质，有利于改善土壤的通气与持水性能。

灌水量由土质而定，以渗透根区为宜。灌水次数和灌水量过多，反而会导致花卉根系生长不良，甚至会造成根系腐烂的情况，导致植株死亡。此外，灌水不足，水不能渗入底层，常使根系分布浅，这样就会大大降低花卉对干旱和高温的抗性。因此，掌握两次灌水之间土壤变干所需的时间非常重要。

遇表土浅薄、下层黏土重的情况，每次灌水量宜少，但次数应增多。对于土层深厚的沙壤土，则应一次灌足水，待见干后再灌。黏土水分渗透慢，灌水时间应适当延长，最好采用间歇方式，留有渗入时间，如灌水 10 min，停灌 10 min，再灌 10 min 等，这是喷灌常用的方式，当遇高温干旱时尤为适宜。

3.灌溉方式

（1）漫灌

漫灌是大面积的表面灌水方式，用水量大，适用于夏季高温地区植物生长密集的大面积花卉或草坪。

（2）畦灌

在田间筑起田埂，将田块分割成许多狭长地块——畦田，水从输水沟或直接从毛渠放入畦中，畦中水流以薄层水流向前移动，边流边渗，润湿土层，这种灌水方法称为畦灌。畦灌用水量大，在土地平整的情况下，灌溉才比较均匀。离进水口近的区域灌溉量大，离进水口远的区域灌溉量小。

（3）沟灌

沟灌适合宽行距种植的花卉。沟灌是在行间开挖灌水沟，水从输水沟进入灌水沟后，在流动的过程中主要借毛细管作用湿润土壤。与畦灌相比，沟灌节水，不会破坏花卉根部附近的土壤结构，可减少灌溉浸湿的表面积，减少水分的蒸发损失。

（4）喷灌

喷灌是指利用喷灌设备系统，使水在高压下通过喷嘴喷至空中，分散成细小的水滴，像降雨一样进行灌溉。喷灌可节水，可定时，灌溉均匀，但投资大。

（5）滴灌

滴灌是利用低压管道系统将水直接送到每棵植物的根部，使水分缓慢不断地由滴头直接滴在根附近的地表，渗入土壤并浸润花卉根系主要分布区域的灌溉方法。滴灌的主要缺点是经常出现管道系统堵塞问题，严重时不仅滴头堵塞，还可能使滴灌毛管全部废弃。此外，当采用硬度较高的水灌溉时，盐分可能在滴头湿润区域周边积累，产生危害。

（6）渗灌（浸灌）

渗灌（浸灌）是利用埋在地下的渗水管，使水在压力作用下通过渗水管管壁上的微孔渗入田间耕作层，从而浸润土壤的灌溉方法。

4.灌水时期

花卉的灌水分为休眠期灌水和生长期灌水。休眠期灌水在植株处于相对休眠状态时进行，如北方地区常对园林树木灌"冻水"防寒。生长期灌水的时间因季节而异。夏季灌溉应在清晨和傍晚进行，此时水温与地温接近，灌水对根系生长影响小。傍晚灌水更好，因夜间水分下渗到土层中，可避免水分的迅速蒸发。在严寒的冬季，因早晨温度较低，生长期灌水应在中午前后进行。春秋季以清晨灌水为宜，这时蒸腾作用较弱；傍晚灌水，湿叶过夜，易引起病害。

应特别注意幼苗定植后的水分管理。幼苗移植后的灌溉对其成活关系很大。因幼苗移植后根系尚未与土壤充分接触，移植又使一部分根系受到损伤，吸水力减弱，此时若不及时灌水，幼苗的生长就会因干旱而受到阻碍。生产实践中有"灌三水"的操作：在移植后随即灌水1次；过3天后，进行第2次灌水；再过5~6天，灌第3次水。每次灌水都要灌满畦。在"灌三水"后，进行正常的松土、灌溉等日常管理。对于根系强大、受伤后容易恢复的花卉，如万寿菊等，在灌2次水后，就可进行正常的松土等管理；对于根系较弱、移苗后生长不易恢复的花卉，如一些直根系的花卉，应在第3次灌水后

10天左右，再灌第4水。

5.灌溉用水

灌溉用水以软水为宜，避免使用硬水，最好使用富含养分、温度高的河水，其次是河塘水和湖水。不含碱质的井水也可使用，井水温度低，对植物根系发育不利，如能先一日抽出井水贮于池内，待水温升高后再使用，则比较好。城市园林绿地灌溉用水，提倡使用中性水，在小面积灌溉时，也可以使用自来水，但成本较高。

6.排水

土壤水分过多会影响土壤的通透性，造成氧气供应不足，从而抑制根系的呼吸作用，减弱根系对水分和矿物质的吸收功能，严重时可导致地上部分枯萎、落花、落叶，甚至导致根系或整个植株死亡。涝害比干旱对植株的危害更大，涝害发生5~10天就会使一半以上的栽培植物死亡。中国南方降雨繁多，在梅雨季节涝害问题更为突出；北方雨量虽少，但降雨主要集中在7~9月，涝害问题也不容忽视。故而，处理好排水问题也是保证花卉正常生长发育的重要内容。因此，在降雨量大、地势低洼、容易积水或排水不良的地段，要在一开始就进行排水工程的规划，建设排水系统，做到及时排水。

积水主要来自雨涝、灌溉不当、上游地区泄洪、地下水位异常上升等，目前人们主要应用的排水方式有沟排水、井排水两种。

（1）沟排水

沟排水包括明沟排水和暗沟排水两种。明沟排水是国内外大量应用的传统排水方法，是在地表面挖排水沟，主要用于排出地表径流。在较大的花圃、苗圃可设主排、干排、支排和毛排渠4级，组成网状排水系统，排水效果较好，具有省工、简便的优点。明沟排水工程量大，占地面积大，易塌方堵水、淤塞和滋生杂草而造成排水不畅，而且养护任务重。

暗沟排水是在花卉种植地按一定距离埋设带有小孔的水泥或陶瓷暗管的排水方法。在暗管上面覆土后仍可种植花卉。排水管道的孔径、埋设深度和排水管之间的距离应根据降雨量、地下水位、地势、土壤类型等情况设置。暗沟排水的优点是不占地表，不影响农事作业，排水、排盐效果好，养护负担轻，便于机械施工，在不宜开沟的地区是较好的方法；缺点是管道易被泥沙沉淀所堵塞，植物根系也容易深入管内阻碍水流，且成本较高。

（2）井排

井排是在耕作地边上按一定距离开挖深井，通过底边渗漏把水引入深井中的排水方法。井排的优点是不占地，易与井灌结合，可通过调节井水水位的高低来维持耕作地一定的地下水位，特别适于容易发生内涝危害的地段；缺点是挖井造价和运转费用较高。

此外，机械排水和输水管系统排水是目前比较先进的排水方式，但由于技术要求较高且不完善，所以在实际的园林花卉养护管理中应用较少。

（二）施肥

1.施肥的原理、依据和基本原则

花卉吸收的营养元素来源于土壤和肥料，施肥就是供给植物生长发育所必需的营养元素。因此，明确营养元素的功能是施肥的基础。

（1）施肥的原理

施肥的原理包括养分归还（补偿）学说、最小养分律、同等重要律、不可代替律、肥料效应报酬递减律和因子综合作用律等。

①养分归还（补偿）学说

在花卉植株中，有大量的养分来自土壤，但土壤并非一个取之不尽、用之不竭的"养分库"。为保证土壤有足够的养分供应容量和强度，保持土壤养分的输出与输入的平衡，必须通过施肥补充花卉吸收的养分。

②最小养分律

花卉的生长发育需要吸收各种养分，但严重影响花卉生长、限制产量和品质的是土壤中那种相对含量最少的养分因素，也就是花卉最缺乏的那种养分（最小养分）。如果忽视最小养分，即使继续增加其他养分，产量或品质也难再提高。

③同等重要律

对花卉来讲，不论是大量元素还是微量元素，都是同等重要、缺一不可的，即缺少某一种微量元素，尽管它的需要量很少，但仍会影响某种生理功能而导致花卉品质的降低。微量元素与大量元素同等重要，不能因为需要量少而忽略。

④不可代替律

花卉需要的各种营养元素，都有其特定的功效，相互之间不能替代，缺什么元素就必须补充什么元素。

⑤肥料效应报酬递减律

从一片土地上获得的产品，随着施肥量的增加而增加，但当施肥量超过一定限度后，单位施肥量获得的产量就会依次递减。因此，施肥要有限度，超过合理施肥上限就是盲目施肥。

⑥因子综合作用律

花卉品质好坏和花卉产品产量高低是影响作物生长发育各个因子综合作用的结果，包括施肥措施在内，其中必有一个或几个在某一阶段是限制因子。所以，为了充分发挥肥料的作用和提高肥料的效益，一方面施肥措施必须与其他农业技术措施密切配合，另一方面各养分之间的配合作用也是不可忽视的。

（2）施肥的依据

花卉施肥主要依据花卉的需肥和吸肥特性、土壤类型和理化性质、气候条件、栽培条件和农业技术措施等。

①花卉的需肥和吸肥特性

不同种类的花卉需肥种类和数量不同，同一种类花卉的不同生长发育阶段需肥种类和数量也不同。不同花卉对营养元素的种类、数量及其比例都有不同的要求。例如，虽然一、二年生花卉都对氮、钾的要求较高，施肥以基肥为主，生长期可以视生长情况适量施肥。但一、二年生花卉间也有一定的差异。播种一年生花卉，在施足基肥的前提下，在出苗后只需保持土壤湿润即可，在苗期可增施速效性氮肥以利于快速生长，在花前期应加施钾肥、磷肥。有的一年生花卉花期较长，故在开花后期仍须追肥。而二年生花卉在春季就能旺盛生长和开花，故除氮肥外，还须选配适宜的磷肥、钾肥。宿根花卉对养分的要求以及施肥技术基本上与一、二年生花卉类似，但须度过冬季不良环境，同时为了保证其在次年萌发时有足够的养分供应，后期应及时补充肥料，常以速效性肥料为主，配以一定比例的长效肥。球根花卉对磷、钾元素的需求量大，在施肥时应该考虑如何使地下球根膨大。为此，除施足基肥外，前期追肥应以氮肥为主，在子球膨大时应及时控制氮肥，增施磷肥、钾肥。通过分析不同花卉养分的含量，可以了解花卉对不同养分的吸收、利用及分配情况。

②土壤类型和理化性质

因不同类型和不同理化性质的土壤营养元素的含量和有效性不同，保肥能力不同，土壤类型和理化性质必然影响肥料的效果，所以施肥必须考虑土壤类型和理化性质。例如，沙质土保肥能力差，应少量多次施肥；黏质土保肥能力强，可以多量少次施肥。

③气候条件

气候条件影响施肥的效果，与施肥方法的关系也很密切。干旱地区或干旱季节，肥料的利用率不高，可以结合灌水施肥、叶面施肥等。雨水多的地区和季节，肥料淋溶损失严重，应少量勤施。低温和高温季节，花卉吸肥能力差，应少量勤施。

④栽培条件和农业技术措施

施肥必须考虑与栽培条件和农业技术措施的配合。例如，在瘠薄的土壤上施肥，除应考虑花卉需肥外，还应考虑土壤培肥，即施肥量应大于花卉需求量；在肥沃的土壤上施肥，应根据"养分归还"学说，按需和按吸收量施肥；对于地膜覆盖的花卉，因不便土壤追肥，应施足基肥，在生长期可以叶面追肥。

（3）施肥的基本原则

①有机肥和无机肥合理施用

有机肥多为迟效性肥料，可以在较长时间内源源不断地供应植物所需的营养物质；无机肥多为速效性肥料，可以满足较短时间内植物对营养物质相对较大的需求。在花卉施肥中，有机肥和无机肥要配合使用，以相互补充。增施有机肥、适当减少无机肥，可以改良土壤的理化性状，减少环境污染，使土地资源能够真正实现可持续利用。这也是提高花卉产品品质，减少污染，实现无公害生产的有效途径。

②以基肥为主，及时追肥

基肥施用量一般可占总施肥量的 50%～60%。在暴雨频繁、水土流失严重或地下水位偏高的地区，可适当减少基肥的施用量，以免肥效损失。结合不同花卉种类和花卉不同生长发育时期对肥料的需求特点，要进行及时、合理的追肥。

③科学合理施肥

花卉养护管理人员应在历年施肥管理经验的基础上，及时"看天、看地、看苗"，结合土壤肥力分析、叶分析等手段，判断花卉需肥和土壤供肥情况，正确选择肥料种类，科学配比，及时有效地施用肥料。

2.施肥的分类

按施肥时期划分，施肥可分为施基肥、施种肥和追肥。

（1）施基肥

基肥是播种或移植前结合土壤耕作所施的肥料。施基肥的目的是改良土壤和保证花卉在整个生长期间能获得充足的养料。基肥一般以有机肥为主，如堆肥、厩肥、绿肥等，与无机肥混合使用效果更好。施基肥常在春季进行，但有些露地木本花卉可在秋季施入基肥，以增加树体营养，更好地越冬。施基肥的主要方法是普施，施肥深度应该在 16 cm左右。

（2）施种肥

在播种的同时施入肥料，称为施种肥。一般以速效性磷肥为主，如在播种的同时施入过磷酸钙颗粒肥。容易烧种、烧苗的肥料，不宜作为种肥。

（3）追肥

追肥是在花卉生长发育期间施用速效性肥料的方法，目的是补充基肥的不足，及时满足花卉生长发育旺盛期对养分的需要，提高产量和品质。追肥可以避免速效性肥料作基肥使用时养分被固定或淋失。

花卉对肥料的需求有两个关键的时期，即养分临界期和最大效率期。掌握不同种类花卉的营养特性，充分利用这两个关键时期，供给花卉适宜的营养，对花卉的生长发育非常重要。植物养分首先分配给生命活动最旺盛的器官，一般花卉生长最快以及器官形成时，也是需肥量最多的时期。基肥要施足，以保证花卉在整个生长期间能获得充足的矿质养料。在一年中，追肥时期通常在夏季，把速效性肥料分次施入，可满足花卉在旺盛生长期对养分的大量需求。

3.施肥的深度、广度及施肥量

（1）施肥的深度和广度

相关人员应依据根系分布的特点，将肥料施在根系分布范围内或稍远处。这样一方面可以满足花卉的需要，另一方面还可诱导根系扩大生长分布范围，形成更为强大的根系，增加吸收面积，增强花卉的抗逆性。由于各种营养元素在土壤中的移动性不同，不同肥料的施肥深度也不相同。例如，氮肥在土壤中移动性强，可以浅施；磷肥、钾肥移动性差，宜深施至根系分布区内，或与其他有机肥混合施用。氮肥多用作追肥，磷肥、钾肥与有机肥多用作基肥。

（2）施肥量

相关人员应根据花卉的种类、栽培条件、生长发育状况、土壤条件、施肥方法、肥料特性等综合考虑施肥量。一般植株矮小的花卉可以少施，植株高大、枝繁叶茂、花朵丰硕的花卉宜多施。有些喜肥花卉，如香石竹、月季、菊花、牡丹、一品红等需肥较多，应多施；有些耐贫瘠的花卉，如凤梨等需肥较少，应少施。

要确定准确的施肥量，须经田间试验，结合土壤营养分析和植物体营养分析，根据养分吸收量和肥料利用率来测算。

4.施肥方法

（1）普施

普施是指将肥料均匀撒布在土壤表面，然后通过耕翻等使其混入土壤中的施肥方法。在平畦状态下，有时追肥也可采取普施的方法，但要结合灌水。

（2）条施和沟施

条施是指在播种或定植后，在行间成条状撒施肥料而行内不施肥的施肥方法。在条施后一般要耕翻。沟施是指在开好播种沟或定植沟后，将肥料施入沟中再覆土的施肥方法。条施和沟施多用于化肥或肥效较高的有机肥的追肥。

（3）穴施和环施

穴施是指在定植时，边定植边施入肥料，或者是在栽培期间，于植株根茎附近开穴施入肥料，并埋入土壤的施肥方法。环施是指沿植株周围开环状沟，将肥料施入后随即掩埋的施肥方法。穴施可以实现集中施肥，有利于提高肥效，减少肥料流失，施肥量、施入深度及与植株的距离可调。但穴施用工量大，适用于单株较大的花卉种类和密度较低的栽培形式。环施主要适用于单株特别大、根系分布较深的观赏植物。穴施常用化肥，环施常用有机肥。

（4）随水冲施

随水冲施是指将肥料浸泡在盛水的桶、盆等容器中，在灌溉的同时将未完全溶解的肥料随灌溉水施入土壤的施肥方法。其缺点是施肥的均匀性难以保证。在实际生产中，相关人员要根据灌溉水流动速度，调整加入肥水混合液的速度，使肥料均匀施入。随水冲施主要应用于畦灌、沟灌的无机肥的追肥。

（5）根外追肥

这种方法简单易行，节省肥料，效果快，可与土壤施肥相互补充，一般在施肥1～2天后即可表现出肥料效果，使用复合肥效果更好。根外追肥仅作为解决临时性问题的辅助措施，一般须喷施3～4次。常用于根外追肥的肥料种类有尿素、磷酸二氢钾、硫酸钾、硼砂等。根外追肥浓度要适宜，如磷肥、钾肥以0.1%为宜，尿素以0.2%为宜。喷溶液的时间宜在傍晚，以溶液不滴下为宜。

三、防寒与降温

（一）防寒

对于露地栽培的二年生花卉和耐寒能力差的花卉，必须进行防寒，以避免温度过低造成的危害。由于各地区的气候不同，采用的防寒方法也不相同。常用的防寒方法有以下几种：

1.覆盖法

覆盖法是指在霜冻到来之前，在畦面上覆盖干草、落叶、草苫物，一般可在第二年春季晚霜过后再将畦面清理好，也可视情形确定去除覆盖物的时间。覆盖法常用于二年生花卉、宿根花卉、可露地越冬的球根花卉和木本花卉幼苗的防寒越冬。

2.培土

冬季地上部分枯萎的宿根花卉和进入休眠期的花灌木常采用培土防寒的方法，待春季到来后、萌芽前再将土扒平。

3.熏烟法

对于露地越冬的二年生花卉，可采用熏烟法以防霜冻。在熏烟时，烟和水汽组成的烟雾能减少土壤热量的散失，防止土壤温度降低；同时烟粒会吸收热量，使水汽凝成液体并释放热量，使地温升高，防止霜冻。但熏烟法只有在温度不低于－2 ℃时才有显著效果。因此，在晴天夜里当温度降低到接近 0 ℃时即可开始熏烟。

4.灌水

冬灌能减少或防止冻害，春灌有保温、增湿的效果。由于水的比热容大，灌水后土壤的导热能力得到了提高，深层土壤的热量容易被传导上来，从而可提高地表温度 2～2.5 ℃。灌溉还可提高空气中的含水量，空气中的蒸汽在凝结成水滴时放热，可以提高气温。在灌溉后土壤变湿润，比热容加大，能减缓表层土壤温度的降低速度。

5.浅耕

浅耕可减弱因水分蒸发而发生的冷却效应。同时，耕翻后的表土疏松，有利于太阳热辐射的导入，能增强土壤对热的传导作用，减少已吸收热量的散失，保持土壤下层的温度。

6.密植

密植可以增加单位面积茎叶的数目，减少地面热的散失，起到保温的作用。

除以上方法外，设立风障、利用冷床（阳畦）、减少氮肥和增施磷钾肥等方法，都能有效防寒。

（二）降温

夏季的高温，会对花卉产生危害，须通过人工降温保护花木安全越夏。人工降温措施包括叶面喷水、畦间喷水、搭设遮阳网或覆盖草帘等。

四、杂草防除

杂草防除的目的是除去田间杂草，不使其与花卉争夺水分、养分和光照。杂草往往还是病虫害的寄主，因此一定要彻底清除，以保证花卉的健壮生长。除草工作应在杂草发生的早期进行，在杂草结实之前必须清除干净。不仅要清除栽植地上的杂草，还应把四周的杂草除净。对于多年生宿根性杂草，应把根系全部挖出，深埋或烧掉。小面积杂草以人工除草为主，大面积杂草可采用机械除草或化学除草。

杂草去除，可使用除草剂。应根据花卉的种类选择合适的除草剂，并根据使用说明书，掌握正确的使用方法、用药浓度及用药量。除草剂的类型大致分为 4 类：①灭生性除草剂，可以将所有杂草都杀死，不加区别，如百草枯（我国已禁用）。②选择性除草剂，只杀某一种或某一类杂草，对作物的影响不尽相同，如 2,4-D 丁酯（我国已禁用）。③内吸性除草剂，通过杂草的茎、叶或根部吸收到植物体内，起到破坏内部结构、破坏生理平衡的作用，从而使杂草死亡。主要有两类，一是由茎、叶吸收的，如草甘膦；二是通过根部吸收的，如西玛津。④触杀性除草剂。只杀死直接接触的植物部分，对未接触的部分无效，如除草醚。

常用的除草剂有：草甘膦、盖草能等。草甘膦能有效防除多年生恶性杂草等，但对植物没有选择性，具有强内吸性，因此不能将药剂喷到花木叶面上。在杂草生长旺盛时使用草甘膦，比幼苗期使用效果更好。盖草能可以有效去除禾本科杂草，如马唐、牛筋草、狗尾草等，每亩使用量为 25～35 mL，应加水 30 kg 喷雾，在杂草三至五叶期使用较佳。若在杂草旺盛期使用，则应加大剂量。

第四节 古树名木的养护管理

一、古树名木的相关知识

（一）古树名木的概念

2000 年 9 月，建设部（今住房和城乡建设部）印发《城市古树名木保护管理办法》，将古树定义为树龄在 100 年以上的树木，把名木定义为国内外稀有的具有历史价值和纪念意义以及重要科研价值的树木。凡树龄在 300 年以上，或者特别珍贵稀有，具有重要历史价值和纪念意义、重要科研价值的古树名木，为一级古树名木，其余的为二级古树名木。

（二）古树名木保护的意义

我国现存的古树名木种类之多、树龄之长、数量之大、分布之广、声名之显赫、影响之深远，均为世界罕见。对古树名木这类有生命的"国宝"，应大力保护，深入研究，发扬优势，使之成为中华民族观赏园艺的一大特色。

我国现存的古树名木，已有千年历史的不在少数。它们虽饱经风霜，但依然生机盎然，为我国古老灿烂的文化和壮丽山河增添了不少光彩。保护和研究古树名木，不仅因为它是一种独特的自然和历史景观，还因为它是人类社会历史发展的见证者，具有重要的研究价值。

1.古树名木是历史的见证

我国的古树名木不仅在横向上分布广阔，而且在纵向上跨越数朝历代，具有较高的树龄。周柏、秦松、汉槐、隋梅、唐杏（银杏）、唐樟等，均是树龄高达千年的树中"寿星"，是中国悠久历史的见证。

2.古树名木对研究树木生理具有特殊意义

树木的生长周期很长，我们无法用跟踪的方法对其生长、发育、衰老、死亡的规律加以研究，但我们能以处于不同年龄阶段的古树名木为研究对象，发现该树种从生到死的规律。

3.古树名木为文化艺术增添光彩

不少古树名木曾使历代文人、学士为之倾倒，吟咏抒怀，在文化史上具有独特的作用。例如，嵩阳书院的"将军柏"，就有明、清文人赋诗 30 余首之多；苏州拙政园文徵明手植的紫藤，其胸径 22 cm，枝蔓盘曲蜿蜒逾 5 m，旁立光绪三十年江苏巡抚端方题写的"文衡山先生手植藤"石碑，此名园、名木、名碑被朱德的老师李根源先生誉为"苏州三绝"，具有极高的人文旅游价值。此外，为古树名木而作的画作数量极多，都是我国文化艺术宝库中的珍品。

4.古树名木是名胜古迹的最佳景点

古树名木和山水、建筑一样具有景观价值，是重要的旅游资源。它们苍劲挺拔、风姿多彩，镶嵌在崇山峻岭和古刹胜迹之中，与山川、古建筑、园林融为一体，或独成一景，或伴一山石、建筑，成为该景的重要组成部分，吸引着众多游客前往游览观赏，让众多游客流连忘返。例如，以"迎客松"为首的黄山十大名松，泰山的"卧龙松"等均是自然风景中的珍品；而北京天坛公园的"九龙柏"，北海公园团城上的"遮荫侯"，苏州司徒庙中的"清、奇、古、怪"四株古圆柏更是人文景观中的瑰宝，吸引了无数人去游览观赏。

5.古树名木对树种规划有较大的参考价值

古树名木多属乡土树种，保存至今的古树名木是久经沧桑的活文物，可就地证明其对当地气候和土壤条件有很高的适应性，因此古树名木是树种规划的最好依据。调查本地栽培树种及郊区野生树种，尤其是古树名木，可为制定城镇园林绿化树种规划提供参考，从而作出科学、合理的选择，而不致因盲目引种造成无法弥补的损失。

6.古树名木具有较高的经济价值

古树名木饱经沧桑，是历史的见证，既有生物学价值，又具有较高的历史文化价值，同时能为当地带来间接或直接的经济价值。以古树名木为旅游资源的开发更是为发展旅游业提供了难得的条件。而对于一些古老的经济树木来说，它们依然具有生产潜力。

（三）古树名木衰老的原因

任何树木都要经过生长、发育、衰老、死亡等过程。在了解古树名木衰老的原因后，人类可以采取措施使树木的衰老延迟到来，延长树木的生命，使树木最大限度地为人类造福。

树木由衰老到死亡不是简单的时间推移过程，而是一个复杂的生理、生态、生命与环境相互影响的变化过程，受多种因素的共同制约。

1.遗传因素

所有树木都要经历由种子萌发经幼苗、幼树逐渐发芽到开花结果，最后衰老、死亡的整个生命过程。树木自幼年阶段一般需经数年生长发育才能开花结实，进入成熟阶段，之后其生理功能逐步减弱，逐渐进入老化过程，这是树木生长发育的自然规律。但是，由于树木受自身遗传因素的影响，其寿命长短、由幼年阶段进入衰老阶段所需的时间、树木对外界不利环境条件影响的抗性以及对外界环境因素所引起的伤害的修复能力等都有所不同。

2.人为因素

（1）土壤条件

①土壤密实度过高。古树名木大多生长在城市公园、宫、苑、寺庙或宅院内，以及农田旁等，一般土壤深厚、土质疏松、排水良好、小气候适宜。但是，随着经济的发展，人民生活水平的提高，旅游已成为人们生活中不可缺少的一部分。特别是有些古树名木姿态奇特，或是具有神奇的传说，常会吸引大量游客，使得地面受到频繁的践踏，密实度增高，土壤板结，土壤团粒结构遭到破坏，透气性能及自然透水性降低，导致树木根系呼吸困难，须根减少且无法伸展，水分遇板结土壤层渗透能力降低，大部分随地表流失，树木因得不到充足的水分和养分而生长受阻。

②树干周围铺装地面过大。在公园、名胜古迹点，由于游人较多，为了方便观赏，人们会在树木周围用水泥砖或其他硬质材料铺装，仅留下比树干略粗大的树池。铺装地面平整、夯实，加大了地面抗压强度，人为地造成了土层透气性能、通水性能下降，树木根系呼吸受阻，无法伸展，产生根不深、叶不茂的现象；同时，由于树池较小，不便于对古树名木进行施肥、浇水。这使古树名木根系处于透气性、营养与水分均较差的环境中。

③根部营养不足。许多古树名木栽植在殿基之上，虽然人们可能在植树时已在树穴中换了好土，但树木长大后，根系很难向四周（或向下）的坚土中生长。此外，古树名木长期固定生长在某一地点，持续不断地吸收、消耗土壤中的各种营养元素，土壤中的营养元素缺乏会导致根部营养不足，从而加速了古树名木的衰老。

（2）环境污染

①土壤理化性质恶化。随着旅游业的发展，近些年来，有不少人在公园树林中搭帐

篷开各种展销会、演出或是开辟场地供周围居民（游客）进行活动。这不仅使该地的土壤密实度增高，而且对古树名木的生长有害。有些人会往树林中乱倒各种污水，有些地方还增设临时厕所，导致土壤含盐量增加、土壤理化性质遭到破坏。

②空气污染。随着城市化进程的不断推进，各种有害气体如二氧化硫、氟化氢、二氧化氮等造成了大气污染，古树名木不同程度地承受着有害气体的侵害与污染，过早地表现出衰老症状。

（3）人为损害

对于古树名木，人为造成的直接损害主要有：在树下摆摊设点、乱堆东西（如建筑材料中的水泥、石灰、沙子等），特别是石灰，堆放不久树体就会受害死亡；有的还在树上乱画、乱刻、乱钉钉子；在地下埋设各种管线，煤气管道的渗漏，暖气管道的放热等，均会对古树名木的正常生长造成较严重的损害。

3.病虫为害

古树名木在其漫长的生长过程中，难免会遭受一些人为和自然的破坏，从而形成各种伤残，如主干中空、破皮、树洞及主枝死亡等现象，还会导致树冠失衡、树体倾斜、树势衰弱而诱发病虫害。但从众多现存古树名木生长现状的调查情况来看，古树名木的病虫害相对普通树木来说要少，而且致命的病虫更少。不过，许多古树名木已经过了其生长发育的旺盛时期，步入了衰老至死亡的生命阶段，加之日常对其养护管理不善，人为和自然因素对古树名木造成损伤的现象时有发生，树势衰弱已属必然，这些都为病虫的侵入提供了条件。对已遭到病虫危害的古树名木，如不进行及时和有效的治疗，则其树势衰弱的速度将会进一步加快，衰弱的程度也会因此而加深。

4.自然灾害

古树名木的衰老还受自然因素的影响，如大风、雷电、干旱、地震、大雪、雨凇（冰挂）、冰雹等，这些自然因素对古树名木的影响往往具有一定的偶然性和突发性，但其危害有时是巨大的，甚至是毁灭性的。

（1）大风

7级以上的大风，甚至是台风、龙卷风和一些短时风暴，春夏之交至初秋尤甚。它们能吹折枝干或撕裂大枝，严重者可将树木拦腰折断。而不少古树名木因蛀干害虫的危害，枝干中空、腐朽或有树洞，更容易受到风折的危害，枝干被折断直接造成叶面积减少，枝断者还易引发病虫害，使本来生长势弱的树木更加衰弱，严重时会直接导致古树名木死亡。

（2）雷电

目前古树名木多数未设避雷针，其高耸且电荷量大，易遭雷电袭击。有的古树名木遭雷电袭击后，干皮开裂，树头枯焦，树势明显衰弱。

（3）干旱

持久的干旱会使得古树名木发芽迟，枝叶生长量少，枝的节间变短，叶子卷曲，严重者可使古树名木落叶，小枝枯死，树势因此而衰退。

（4）地震

古树名木遭强震袭击后往往会倾倒，干皮也会进一步开裂。

（5）大雪、雨凇（冰挂）、冰雹

在下大雪时，若不及时进行清除树木积雪，常会导致毁树事件的发生。如黄山风景管理处，每年在大雪时节都要安排及时清雪，以免大雪压毁树木。雨凇（冰挂）、冰雹一般发生在 4~7 月，这种灾害虽然发生概率较低，但造成的影响不容忽视。在灾害发生时，大量的冰凌、冰雹会压断或砸断小枝、大枝，对树体造成不同程度的损伤，从而削弱树势。

二、古树名木的养护管理技术

（一）古树名木的调查、登记、分级、存档

1.调查、登记

古树名木应由专人进行细致、系统的调查，调查内容主要包括树种、树龄、树高、冠幅、胸径、生长势、病虫害、生境以及对观赏与研究的作用、养护措施等。同时，还应收集有关古树名木的历史资料及其他资料，如有关古树名木的诗、画及神话传说等。

2.分级、存档

我国通常将古树名木按树龄分级。对于各级古树名木，均应设永久性标牌，编号在册，并采取加栏等保护管理措施。一级古树名木要列入专门的档案，组织专人加强养护，定期上报。对于生长一般、观赏及研究价值不大的古树名木，可视具体条件实施一般的养护管理措施。

（二）古树名木一般养护技术

1.支撑、加固

一些古树名木由于年代久远，主干或有中空，主枝常有死亡，这会造成树冠失去均衡，树体容易倾斜。又因树体衰老，枝条容易下垂，因而需用他物支撑。如北京故宫御花园的龙爪槐、皇极门内的古松均用钢管呈棚架式支撑，钢管下端用混凝土基加固，干裂的树干用扁钢箍起，收效良好。

2.树干伤口的治疗

对于有伤口的古树名木，要用合理的方法对枝干上由病、虫、冻、日灼或修剪等造成的伤口进行治疗。

3.树洞处理

（1）树洞的类型及相应的处理措施

树洞多是由于古树名木的木质部或韧皮部受到人为创伤后未及时进行防腐处理，再受到雨水的侵蚀，引起真菌类危害，久而久之形成的。如不及时处理，则树洞会越变越大，将会导致古树名木倾倒、死亡。根据树洞的着生位置及程度，树洞可分为以下五类：

朝天洞：洞口朝上或洞口与主干的夹角大于120°。朝天洞的修补面必须低于周边树皮，中间略高，且须注意修补面不能积水。

通干洞或对穿洞：有两个以上洞口，洞内木质部腐烂相通，只剩韧皮部及少量木质部。对于此类树洞，只能作防腐处理，但应尽可能处理得彻底。当树洞内有不定根时，应切实保护好，并及时设置排水管。

侧洞：洞口面与地面基本垂直，多见于主干上。对于此类树洞，只能作防腐处理，对有腐烂的侧洞要进行清腐处理。

夹缝洞：树洞的位置处于主干或分枝的分枝点。此类树洞通常会出现引流不畅，必须修补。

落地洞：树洞靠近地面近根部，分为对穿与非对穿两种形式。通常非对穿形式的落地洞要补，对穿的一般不修补，只作防腐处理。对落地洞的修补须以不伤根系为原则。

总之，在对树洞处理前，要分析树洞产生的原因（是病虫害造成的还是外力碰伤所致），及时处理，以防危害扩大，导致树势衰弱。

（2）树洞的处理流程

第一，树洞内的清腐。树洞内的清腐要用铁刷、铲刀、刮刀、凿子等刮除洞内朽木，要尽可能地将树洞内的所有腐烂物和已变色的木质部全部清除，注意不要伤及健康的木质部。

第二，灭虫、消毒处理。杀灭树洞内的害虫要用广谱、内吸性的药剂，如毒枪，可采用 200 倍稀释液进行涂刷或以 800~1 000 倍稀释液喷施，待药液晾干后，再用树洞专用杀菌剂处理，对树洞内的病菌进行杀灭。过一天后，在树洞内全面涂抹愈伤涂膜剂，防止病虫的侵入，并促进愈伤组织的再生。

第三，填充补洞。树洞填充的关键是填充材料的选择。所选的填充材料除绿色环保外，pH 值最好为中性，材料的收缩性与木材应大致相同，且与木质部的亲和力要强。所以，填充材料要用木炭或同类树种的木屑、玻璃纤维、聚氨酯发泡剂或脲醛树脂发泡剂以及铁丝网和无纺布，封口材料为玻璃钢（玻璃纤维和酚醛树脂）。

第四，刮削洞口树皮。待树洞填完后，要用刮刀将树洞周围一圈的老皮和腐烂的皮刮掉，至显出新生组织为止；然后将愈伤涂膜剂直接涂抹于伤口处，促进新皮的产生。

第五，树洞外表修饰及仿真处理。为了提高古树的观赏价值，须按照"随坡就势、因树做形"的原则，采用粘树皮或局部造型等方法，对修补完的树洞进行修饰处理，恢复原有风貌。在修饰外表时要根据树洞的形状，注意防止洞口边缘积水，且要有利于新皮的产生。此外，在具体处理不同形状的树洞时还要按照各自特点，制定有针对性的处理方案。

（3）树洞的修补方法

①开放法。树洞不深或树洞过大都可以采用此法。当伤孔不深无填充的必要时可按前述的伤口治疗方法处理；当树洞很大，给人以奇树之感，欲留作观赏时，也可采用此法。开放法的具体措施是首先将洞内腐烂木质部彻底清除，刮去洞口边缘的死组织，直至露出新的组织为止；然后用药剂消毒，并涂防护剂；同时改变洞形，以利排水，或在树洞最下端插入排水管。运用此方法修补树洞后，须经常检查防水层和排水情况，以免堵塞，且防护剂每隔半年左右重涂一次。

②封闭法。当树洞较窄时，可用此法对树洞进行处理。具体措施如下：可在洞口表面贴以金属薄片，待其愈合后嵌入树体；也可将树洞经处理消毒后，在洞口表面钉上板条，以油灰和麻刀灰封闭（油灰是用生石灰和熟桐油以 1：0.35 混合而成的，也可以直接使用安装玻璃用的油灰，俗称"腻子"），再涂以白灰乳胶，颜料粉面，以增加美观；还可以在上面压树皮状纹或钉上一层真树皮。

③填充法。运用此法修补树洞，填充材料必须压实，且为了加强填料与木质部连

接，洞内可钉若干电镀铁钉，并在洞口内两侧挖一道深约 4 cm 的凹槽。具体措施如下：填充物从底部开始，每 20～50 cm 为一层用油毡隔开，每层表面都向外略倾斜，以利排水，填充物边缘应不超过木质部，使形成层能在其上面形成愈伤组织；外层用石灰、颜色粉涂抹；为了增加美观，并富有真实感，最后可在最外面钉一层真树皮。

4.设避雷装置

雷电可能会对树木造成致命伤害。据调查，千年古银杏大部分曾遭过雷击，受伤树木的生长受到严重影响，树势衰退，如不及时采取补救措施，树木可能很快就会死亡。所以，如果高大的古树名木遭受雷击，应立即将伤口刮平，涂上保护剂并堵好树洞。对于易遭受雷击的古树名木，应安装避雷装置，尤其是生长在空旷地周围无建筑物遮挡的古树名木，必须安装避雷装置。

5.灌水、松土、施肥

对于古树名木，应在春、夏干旱季节浇水防旱，在秋、冬季浇水防冻。在灌水后应松土，这样一方面可以保墒，另一方面也可以增加土壤的通透性。对于古树名木，施肥要慎重，一般在树冠投影部分开沟（深 0.3 m、宽 0.7 m、长 2 m 或深 0.7 m、宽 1 m、长 2 m），沟内施有机肥以增加土壤的肥力。要严格控制肥料的用量，绝不能造成古树名木生长过旺。特别是原来树势衰弱的树木，如果在短时间内生长过盛就会加重根系的负担，造成树冠与树干及根系的平衡失调，结果会适得其反。

6.树体喷水

近年来，受浮尘污染的影响，一些古树名木的树体特别是枝叶部位截留了较多灰尘，不仅影响观赏效果，更会减少叶片对光照的吸收而影响光合作用。为此，可采用树体喷水的方法加以清洗。此项措施因费工费水，一般只在重点区域采用。

7.整形修剪

古树名木的整形修剪必须慎重，在一般情况下，应以基本保持原有树形为原则，尽量减少修剪量，避免增加伤口数。在对病虫枝、枯弱枝、交叉重叠枝进行修剪时，应注意修剪手法，以疏剪为主，以通风透光，减少病虫害滋生。当必须进行更新、复壮修剪时，可适当短截，以促发新枝。

8.防治病虫害

衰老的古树名木，容易招虫致病，加速死亡。因此，对此类古树名木，应注意对病虫害的防治。例如：黄山迎客松有专人看护来监视红蜘蛛的情况，一旦发现即做处理；北京天坛公园的相关工作人员针对古柏的主要害虫——天牛，从天牛的生活习性着手，抓住每年3月中旬左右天牛要到树皮上产卵的时机，向古柏喷洒杀虫剂。

9.设围栏、堆土、筑台

在人为活动频繁的立地环境中的古树名木，要设围栏进行保护。围栏一般要距树干3～4 m，或在树冠的投影范围之外。在树干基部堆土或筑台可对古树名木起到保护作用，也有防涝效果。筑台比堆土效果好，但应在台边留排水孔，切忌围栏造成根部积水。

10.立标志牌、设宣传栏

所有古树名木，均应安装标志牌，标明树种、树龄、等级和编号，明确养护管理负责单位。设立宣传栏，介绍古树名木的重大意义与现状，可起到宣传教育和保护古树名木的作用。

（三）古树名木复壮养护技术

古树名木往往树龄较高、树势衰老，自体生理机能下降，根系吸收水分、养分的能力和新根再生的能力下降，树木枝叶的生长速度也较缓慢，不适或剧烈变化的外部环境都易导致树体生长衰弱或死亡。所谓复壮是指运用科学合理的养护管理技术，使原本衰弱的树体恢复正常生长，延缓其衰老进程。古树名木复壮养护技术的运用是有前提的，它只对那些虽然年老体衰，但仍在其生命极限之内的树体有效。当前，人们普遍采用的复壮养护措施主要有：

1.埋条促根

埋条促根是指在古树根系范围内，填埋适量的树枝、熟土等有机材料，以改善土壤的通气性及肥力条件。埋条促根主要有放射沟埋条法和长沟埋条法。前者的具体做法如下：在树冠投影外侧挖4～12条放射沟，每条沟长120 cm左右，宽40～70 cm，深80 cm；沟内先垫放10 cm厚的松土，再把截成长40 cm枝段的苹果、海棠、紫穗槐等树枝缚成捆，平铺一层，每捆直径为20 cm左右，上撒少量松土；每条沟施麻酱渣1 kg、尿素50 g，为了补充磷肥可放少量动物骨头和贝壳等；覆土10 cm后放第二层树枝捆；最后覆土踏平。

如果树体间相距较远，则可采用长沟埋条法，沟宽70～80 cm、深80 cm、长200 cm左右，然后分层埋树条施肥，覆盖踏平。

2.地面处理

地面处理一般采用根基土壤铺梯形砖、种植地被植物等方法，目的是改变土壤表面受人为践踏的情况，使土壤能与外界保持正常的水气交换。在铺梯形砖时，下层用沙衬垫，砖与砖之间不勾缝，留足透气通道。在采用种植地被植物的方法时，对其下层土壤可做与上述埋条法相同的处理，并设围栏禁止游人践踏。

此外，许多风景区采用铺带孔的水泥砖或铁筛盖的方法处理地面，如黄山玉屏楼景点，用此法处理"陪客松"的土壤表面，效果很好。

3. 换土

当古树名木的生长位置受到地形、生长空间等立地条件的限制，而无法实施上述的复壮措施时，可考虑更换土壤的办法。典型的范例有：1962 年，皇极门内宁寿门外的一株古松幼芽萎缩，叶片枯黄，好似被火烧焦一般。相关人员在树冠投影范围内，深挖 0.5 m（随时将暴露出来的根用浸湿的草袋盖上），对主根部位的土壤进行了更换，将原来的旧土与沙土、腐叶土、锯末、粪肥、少量化肥混合均匀后，填埋其中。在换土半年之后，这株古松重新长出新梢，地下部分长出 2～3 cm 的须根，复壮成功。

4. 挖复壮沟

复壮沟一般深 80～100 cm，宽 80～100 cm，长度和形状由地形而定；可以是直沟，也可以是半圆形或"U"字形；沟内放有复壮基质、各种树枝及增补的营养元素等。

复壮基质采用松、栎、槲的自然落叶，由 60%腐熟加 40%半腐熟的落叶混合，再加少量氮、磷、铁、锰等元素配制而成。这种基质含有丰富的多种矿质元素，pH 值为 7.1～7.8，富含胡敏素、胡敏酸和黄腐酸，可以促进古树根系生长。同时有机物逐年分解，与土粒胶合成团粒结构，从而改善土壤的物理性状，促进微生物活动，将土壤中固定的多种元素逐年释放出来。

除了复壮基质，复壮沟内还应埋入各种树枝，使树与土壤形成大空隙；并增施肥料，增补营养元素。增补的营养元素应以铁元素为主，并含有少量氮、磷元素。为了提高肥效，可掺施少量的麻酱渣等，以更好地满足古树的需要。

复壮沟应在树冠投影外侧，从地表往下纵向分层。表层为厚 10 cm 的素土，第二层为厚 20 cm 的复壮基质，第三层为厚 10 cm 的树枝，第四层又是厚 20 cm 的复壮基质，第五层是厚 10 cm 的树枝，第六层为厚 20 cm 的粗沙和陶粒。

5. 疏花疏果

当植物缺乏营养或生长衰退时，会出现多花多果现象，这是植物在生长过程中的自我调节现象，但会造成古树营养的进一步失调，后果严重。采用疏花疏果的方法可以抑制古树的生殖生长，促进古树的营养生长，从而达到复壮的目的。疏花疏果的关键是疏花,可以通过喷施化学试剂来达到疏花目的,一般喷洒的时间以秋末、冬季或早春为好。

第五节　特殊环境下园林植物的养护管理

一、特殊环境下园林植物养护管理的相关知识

(一)铺装地面树木的生长环境

1.树盘土壤面积小

在铺装地面进行园林植物栽植,在大多数情况下种植穴的表面积都比较小,土壤与外界的交流受到制约。例如,在栽植城市行道树时,容留的树盘土壤表面积一般仅为1～2 m²,有时铺装材料甚至一直铺到树干基部,树盘范围内的土壤表面积较小。

2.生长环境条件恶劣

栽植在铺装地面上的园林植物,除根际土壤被压实、透气性差,导致土壤水分、营养物质与外界的交换受阻外,还会受到强烈的地面热量辐射和水分蒸发的影响,其生长环境较为恶劣。在一些城市的夏季中午,铺装地表温度可高达50 ℃以上,树干基部可能受到高温的伤害。而近年来我国许多城市建设的各类大型城市广场,常采用大理石作大面积铺装,更加重了地表高温对园林植物生长的危害。

3.易受机械性伤害

由于铺装地面大多为人群活动密集的区域,园林植物生长容易受到人为的干扰和难以避免的损伤,如刻伤树皮,钉挂杂物,在树干基部堆放有害、有碍物质,市政施工对树体造成的各类机械性伤害等。

（二）干旱地的环境特点

1.干旱地的气候特点

干旱地的形成是温度、降雨和蒸发状况相互影响的结果，是降水量、土壤含水量及地面的水量同径流、蒸发和植物蒸腾消耗的水量之间不平衡所致。我国西部的一些城市位于干旱气候地区，而其他城市中的干旱立地环境可能不是由气候条件所致，其形成原因是城市下垫面结构的特殊性使降水不能渗入土壤，大多以地表径流的形式流失。

（1）干旱带来高温

干旱对园林植物的影响主要是高温和太阳辐射所带来的植物生理上的热逆境与高蒸发、蒸腾带来的水分逆境会造成园林植物不适应而死亡。

（2）干旱地带降水少而且没有规律

干旱地区的降水量一般很少超过 500 mm，而且常常集中在一年中的某段时间。乡土植物对这种极不稳定的水分条件有较强的适应性，但多数园林植物需要全年灌溉。

（3）干旱地区常常有大风与强风

干旱地区常常有大风与强风，大风会增强蒸腾与蒸发作用，并破坏土壤结构。

2.干旱地的土壤特点

由于干旱地的蒸发量大大超过降雨量，一般地面水很少能通过土壤渗漏。干旱地的土壤特点如下：

（1）土壤次生盐渍化

当土壤水分蒸发量大于降水量时，不断丧失的水分使得表层土壤干燥，地下水通过毛细管的上升运动到达土表，不断补充因蒸发而损失的水分，同时盐碱伴随着毛细管水上升，并在地表积聚。盐分含量在地表或土层某一特定部位的增高，会导致土壤次生盐渍化。

（2）土壤贫瘠

迅速的氧化作用会使土壤有机质的含量严重下降，造成土壤贫瘠。

（3）土壤生物减少

干旱会导致土壤生物种类（细菌、线虫、蚁类、蚯蚓等）数量的减少，生物酶的分泌也随之减少，土壤有机质的分解受阻，影响树体对养分的吸收。

（4）土壤温度升高

干旱会导致土壤热容量减小，温差变幅加大；同时，因土壤的潜热交换减少，土壤温度升高。这些都不利于园林植物根系的生长。

（三）盐碱地的环境特点及对植物的影响

1.盐碱地的环境特点

盐碱土是地球上分布较为广泛的一种土壤类型，约占陆地总面积的 25%，在我国从滨海到内陆、从低地到高原都有分布。盐碱土是盐土与碱土的合称。盐土分为滨海盐土、草甸盐土、沼泽盐土三种，主要含有氯化物、硫酸盐；碱土分为草甸碱土、草原碱土、龟裂碱土三种，主要含有碳酸钠、碳酸氢钠。

在雨季，降水量大于蒸发量，土壤呈现淋溶脱盐特征，盐分会顺着雨水由地表向土壤深层转移，也有部分盐分会被地表径流带走。而在旱季，降水量小于蒸发量，底层土壤的盐分会随毛细管移至地表，表现为积盐过程。在荒裸的土地上，土壤表面水分蒸发量大，土壤盐分剖面变化幅度大，土壤积盐速度快，因此要尽量防止土壤的裸露。尤其在干旱季节，土壤覆盖有助于防止盐化的发生。

2.盐碱地对园林植物的影响

（1）引发生理干旱

盐碱土中积盐过多会导致园林植物根系吸收养分、水分非常困难，甚至出现水分从根细胞外渗的情况，这会破坏园林植物正常的水分代谢，造成生理干旱，导致植物萎蔫、生长停止甚至全株死亡。在一般情况下，当土壤表层含盐量超过 0.6%时，大多数植物已不能正常生长；当土壤中可溶性含盐量超过 1.0%时，只有一些特殊耐盐植物才能生长。

（2）危害植物组织

植物内积聚的过多盐分会使蛋白质合成受到严重阻碍，从而导致含氮的中间代谢产物积累，造成植物组织细胞中毒。另外，盐碱的腐蚀作用也能使园林植物组织直接受到破坏。

（3）滞缓营养吸收

过多的盐分会使土壤物理性状恶化、肥力降低，植物摄入营养元素的速度减慢，利用转化率也降低。而钠的大量存在会使植物对钾、磷和其他营养元素（主要是微量元素）的吸收减少，磷的转移受抑，严重影响树体的营养状况。

（4）影响气孔开闭

在高浓度盐分的作用下，叶片气孔保卫细胞内的淀粉形成受阻，气孔不能关闭，园林植物容易因水分过度蒸腾而干枯死亡。

（四）屋顶花园的作用及环境特点

1.屋顶花园的作用

屋顶花园是在完全人工化的环境中栽植园林植物，采用客土、人工灌溉系统为园林植物提供必要的生长条件，是营造在建筑物顶层的绿化形式，主要是为了充分利用空间，尽量在"水泥森林"中增加绿量。在我国许多城市，特别是大城市，屋顶花园的营造已十分普遍，其发挥的景观与生态作用都十分明显。

（1）改善城市生态环境

屋顶花园几乎能以等面积绿化建筑物所占面积，还能改变城市绿化的立体层次，增加城市的绿地覆盖率。屋面比地面空气流通好，利于园林植物与周围大气进行热量交换。由于植物的蒸腾作用和潮湿下垫面的蒸发作用，屋顶花园消耗的潜热比未绿化的屋面大，从而能大大减少建筑的贮热量及地气的热交换量，减弱城市的"热岛"效应。

（2）丰富城市景观

屋顶花园的存在能柔化生硬的建筑物外形轮廓，植物的季相美也会赋予建筑物动态的时空变化，能丰富城市景观。

（3）改善建筑物顶层的物理性能

屋顶花园构成屋面的隔离层，夏天可使屋面免受阳光直接暴晒烘烤，显著降低其温度；冬季可发挥较好的隔热层作用，减少屋面热量的散失。由此，屋顶花园可改善建筑物顶层的物理性能，节省顶层室内降温与采暖的能源消耗。

（4）调节心理

屋顶花园能给居住在高层的人们提供绿色的园林美景，使他们避开喧嚣的城市或工作环境，在宁静安逸的气氛中得到休息和调整，缓解心理压力。

2.屋顶花园的环境特点

由于受到载荷的限制，屋顶不可能有很深的土壤，因此屋顶花园的环境特点主要表现为土层薄、营养物质少、缺少水分。另外，屋顶风大，阳光直射强烈，昼夜温差变化大。

二、特殊环境下园林植物的栽植与养护管理

（一）铺装地面的园林植物栽植与养护管理

1.树种选择

由于铺装地面的特殊条件，因此人们应选择根系发达、耐干旱、耐贫瘠、耐高温与耐阳光暴晒的植物品种。

2.土壤处理

对于铺装地面，应适当更换栽植穴的土壤，以改善土壤的通透性和土壤肥力。更换土壤的深度为 50～100 cm，且需要在植物栽植后加强水肥管理。

3.树盘处理

树盘处理应保证栽植在铺装地面的园林植物有一定的根系土壤体积。相关调查研究显示，在铺装地面栽植的园林植物，根系至少应有 3 m³的土壤，且增加园林植物基部的土壤表面积要比增加栽植土壤的深度更为有利。铺装地面切忌一直延伸到树干基部，否则随着园林植物的加粗生长，地面铺装物会嵌入树干体内。园林植物根系的生长也会抬升地面，造成地面破裂不平。

树盘地面可栽植花草，覆盖树皮、木片、碎石等，一方面可以改善景观效果，另一方面可以起到保墒、减少扬尘的作用。也可采用两半的铁盖、水泥板覆盖，但其表面必须有通气孔，盖板最好不直接接触土表。对于水泥、沥青等表面没有缝隙的整体铺装表面，则应在树盘内设置通气管道以改善土壤的通气性。通气管道一般采用 PVC 管，直径 10～12 cm，管长 60～100 cm，于管壁处钻孔，通常将其安置在种植穴的四角。

此外，人行道的园林植物往往缺乏水分，因此在栽植时要注意种植穴、园林植物的规格与人行道坡度之间的关系，应使园林植物树冠的落水线落入种植穴内的土壤中，或从铺装断开的接头处渗入。这样，在持续降水时，多余的水分可以越过土壤表面流走。

（二）干旱地的园林植物栽植与养护管理

1.选择耐旱树种

耐旱树种具有发达的根系，叶片较小，叶片表面常有保护蒸发的角质、蜡质层，如旱柳、毛白杨、夹竹桃、华盛顿棕榈、合欢、胡枝子、锦鸡儿、紫穗槐、胡颓子、白栎、

石楠、构树、小檗、火棘、黄连木、胡杨、绣线菊、木半夏、臭椿、木芙蓉、雪松、枫香等。

2.选择合适的栽植时间

园林植物的栽植时间以春季为主，一般在3月中旬至4月下旬。在此期间，土壤比较湿润，土壤的水分蒸发作用和树体的蒸腾作用也比较弱，园林植物根系再生能力强，愈合发根快，有利于园林植物的成活生长。但在春旱严重的地区，以在雨季栽植为宜。

3.改善栽植环境

第一，泥浆堆土。所谓泥浆堆土，是将表土回填种植穴后，浇水搅拌成泥浆，再挖坑种植园林植物，并使其根系舒展，然后用泥浆培稳，以植物主干为中心培出半径为50 cm、高50 cm的土堆。泥浆能增强水和土的亲和力，减少重力水的损失，可较长时间保持根系的土壤水分；堆土还可减少种植穴土壤水分的蒸发，缩小植物主干在空气中的暴露面积，减弱植物主干的水分蒸腾。

第二，使用保水剂。将保水剂埋于园林植物根部，能较持久地释放保水剂所吸收的水分，供园林植物生长。将其与土壤按一定比例混合拌匀使用，或将其与水配成凝胶后，灌入土壤使用，均有助于提高土壤保水能力。

第三，开集水沟。在旱地栽植园林植物，可在地面挖集水沟蓄积雨水，这有助于缓解旱情。

第四，容器隔离。所谓容器隔离，是采用塑料袋容器（容积为10～300 L）将园林植物与干旱的立地环境隔离，创造适合园林植物生长的小环境。袋中填入腐殖土、肥料、珍珠岩，再加上能大量吸收和保存水分的聚合物，与水搅拌后可供根系吸收3～5个月。若使用可降解塑料制品，则对园林植物生长更为有利。

（三）盐碱地园林植物的栽植与养护管理

1.施用土壤改良剂

施用土壤改良剂可达到直接在盐碱土栽植园林植物的目的，如施用石膏可中和土壤中的碱，适用于小面积盐碱地改良，施用量为3～4 t/hm²。

2.设置防盐碱隔离层

对于盐碱度高的土壤，可设置防盐碱隔离层来控制地下水位的上升，阻止地表土壤返盐，从而在栽植区形成相对的局部少盐或无盐环境。具体方法为：在地表挖1.2 m左右的坑，将坑的四周用塑料薄膜封闭，底部铺 20 cm 厚的石渣或炉渣，在石渣上铺 10 cm 厚的草肥，形成防盐碱隔离层，从而形成适合园林植物生长的小环境。

3.埋设渗水管

埋设渗水管可控制高矿化度地下水位的上升，防止土壤急剧返盐。例如，天津市园林绿化研究所采用渣石、水泥制成内径为 20 cm、长 100 cm 的渗水管，将其埋设在距树体 30～100 cm 处，设有一定坡降并高于排水沟，在距树体 5～10 m 处建一收水井，集中收水外排，第一年便可使土壤脱盐 48.5%。采用此法栽植的白蜡、垂柳、国槐、合欢等，树体生长良好。

4.暗管排水

暗管排水的深度和间距可以不受土地利用率的制约，其有效排水深度稳定，适用于重盐碱地区。单层暗管埋深为 2 m，间距为 50 cm。双层暗管第一层埋深为 0.6 m，第二层埋深为 1.5 m，上下两层在空间上交错布置，在上层与下层交会处垂直插入管道，使上层的积水由下层排出，下层排水流入集水管。

5.抬高地面

例如，天津市园林绿化研究所在含盐量为 0.62% 的地段，采用换土并抬高地面 20 cm 的方法栽种油松、侧柏、龙爪槐、合欢、碧桃、红叶李等树种，使其成活率达到 72%～88%。

6.避开盐碱栽植

土壤中的盐碱成分因季节而变化。春季干旱、风大，土壤返盐重；秋季土壤经夏季雨淋盐分下移，部分盐分被排出土体。在秋季初，园林植物定植后经秋、冬两季苗易成活，所以秋季是盐碱地园林植物栽植的最适季节。

7.生物技术改土

生物技术改土主要指通过合理的换茬种植，减少土壤的含盐量。例如，对盐渍土可采用种稻洗盐、种耐盐绿肥翻压改土的措施，仅用 1～2 年的时间，便可使土壤降低40%～50%的含盐量。

8.施用盐碱改良肥

盐碱改良肥内含钠离子吸附剂、多种酸化物及有机酸，是一种有机-无机型特种园艺肥料，pH 值为 5.0，利用酸碱中和、盐类转化、置换吸附原理，既能降低土壤的 pH 值，又能改良土壤结构，提高土壤肥力，可用于各类盐碱土改良。

（四）屋顶花园园林植物的栽植与养护管理

1.屋顶花园园林植物的栽植

（1）确定种植方式

屋顶花园园林植物的种植主要有以下两种方式：

架空式种植：在离屋面 10 cm 处设混凝土板承载种植土层。混凝土板须有排水孔排水。可充分利用屋面的排水层，使水顺着屋面坡度排出，但效果欠佳。

直铺式种植：在屋面上直接铺设排水层和种植土层。其中，排水层可由碎石、粗砂、陶粒组成，其厚度应能形成足够的水位差，使种植土层中过多的水流向屋面排水口。园林植物种植处应设有独立的排水孔，并与整个排水系统相连。在日常养护时，注意及时清除杂物、落叶，特别要防止总排水管被堵塞。

（2）防水处理

应避免出现渗漏现象，一旦出现问题，就会使房屋的使用者产生排斥心理，直接影响屋顶绿化的推广，因此最好设置复合防水层。

刚性防水层：在钢筋混凝土结构层上用普通硅酸盐水泥砂浆掺 5%防水剂抹面。刚性防水层造价低，但怕震动，耐水、耐热性差，暴晒后易开裂。

柔性防水层：用油、毡等防水材料分层粘贴而成，通常为三油二毡或二油一毡。柔性防水层使用寿命短，耐热性差。

涂膜防水层：用聚氨酯等油性化工涂料涂刷成一定厚度的防水膜。涂膜防水层在高温下易老化。

此外，将排水系统设在屋面防水层上，与屋顶雨水管道相结合，将过多的水分排出，可以减少屋面防水层的负担。

（3）防腐处理

为防止灌溉水肥对防水层可能产生的腐蚀作用，需要对其作防腐处理，以提高屋面的防水性能。具体步骤如下：先铺由两层玻璃布和五层氯丁防水胶（二布五胶）组成的防水层；在上面铺设 4 cm 厚的细石混凝土，内配钢筋；在原防水层上加抹一层厚 2 cm 的火山灰硅酸盐水泥砂浆，用水泥砂浆平整修补屋面，再敷设硅橡胶防水涂膜。这种方法适用于大面积屋面的防腐处理。

（4）灌溉系统设置

屋顶花园园林植物如采用水管灌溉，则一般每 100 m² 设一个；但最好采用喷灌或滴灌形式来补充水分，安全而便捷。

（5）基质要求

屋顶花园园林植物栽植的基质除要满足提供水分、养分的一般要求外，还应尽可能轻，以减少屋面载荷。屋顶花园常用的基质有田园土、泥炭、草炭、木屑等。轻质人工土壤的自重轻，须采用土壤改良剂以促进其形成团粒结构，使其具有良好的保水性及通气性，且易排水。

2.屋顶花园园林植物的养护管理

（1）浇水、除草

屋顶花园园林植物受干燥、高温、光照强、风大、蒸腾量大、失水多等因素的影响，在夏季日光较强时易受日灼、枝叶焦边及干枯的危害，要经常浇水或喷水，形成较高的空气湿度。一般在上午 9 点以前、下午 4 点以后各浇水一次，或使用喷灌系统进行灌溉。还要及时除掉杂草。

（2）施肥、修剪

在屋顶上的多年生植物，由于生长在较浅的土层中，缺乏养分，因此要及时施肥；同时要注意周围的环境卫生；还要对植物的枯枝、徒长枝等进行及时修剪，以保持树体的优美外形，减少养分消耗，促进根系的生长。

（3）补充种植土

经常浇水和雨水的冲淋会使种植土流失，还会导致种植土层厚度不足，因此要及时添加种植土，同时还要注意调节其 pH 值。

（4）防寒、防风

屋顶上冬季风大、气温低，可能会使一些在地面上能安全越冬的植物受到冻害。因此，在冬季要用包扎物对树体进行包裹，将盆栽植物搬入温室越冬。同时，为了防止屋顶上的大风吹倒植物，要对大规格的灌木进行加固处理。可以在树木根部堆放石体，起到压固根系的作用；或在树木根部土层下增设塑料网，以增强根系的固土力；也可以将树干组合在一起，绑扎支撑。

（5）检查、维修

要经常检查屋顶植物的生长情况、排水设施的工作状况，并对排水设施进行定期疏通与维修。

第四章　园林植物病虫害防治

第一节　园林植物病害及其防治

由于所处的环境不合适，或受到生物的侵袭，园林植物正常的生理机能受到干扰，细胞、组织、器官遭到破坏，这种现象就是园林植物病害。

一、园林植物病害发生发展的基本因素及其危害性

（一）园林植物病害发生发展的基本因素

病原、感病植物和环境条件是园林植物病害发生发展的三个基本因素。

1.病原

引起园林植物发病的病原有两大类：一类是生物性病原；另一类是非生物性病原。生物性病原主要包括真菌、细菌、病毒、线虫等，其引起的病害称为侵染性病害，可以相互传染。非生物性病原主要包括土壤水分失调、温度过高或过低、日照不足或过强、毒气侵染、农药化肥使用不当等。由非生物性病原引起的病害，称为非侵染性病害或生理病害。

2.感病植物

当病原侵染植物时，植物本身会对病原进行积极抵抗。病原的存在不能导致植物一定生病，这与植物的抗病能力以及对植物的管理和养护有关。因此，选育抗病品种和加强栽培管理，是防治园林植物病害尤其是侵染性病害的重要途径之一。

3.环境条件

当病原和寄主植物同时存在的情况下，病害的发生与环境条件的关系十分密切。对侵染性病害而言，环境条件可以从两个方面影响发病率：一是直接影响病原物，促进或

抑制病原物的生长发育；二是影响寄主植物的生活状态，增强或减弱寄主植物的抗病性或感病性。

（二）园林植物病害的危害性

1.危害叶片

园林植物病害可造成叶片部分或整片叶子出现斑点、坏死、干枯，影响植物生长和观赏，如月季黑斑病、毛白杨锈病、白粉病等。

2.危害根、枝干皮层

园林植物病害会引起树木的根或枝干皮层腐烂，造成输导组织死亡，导致枝干甚至整株植物枯死，如立枯病、腐烂病、紫纹羽病、根朽病等。

3.危害维管束，造成植物萎蔫或枯死

病原物侵入植物维管束，会直接引起植物萎蔫、枯死，如枯萎病。

4.危害整株植物

病原物侵入植株，会引起各种各样的畸形、丛枝等，影响植物生长，甚至造成植物死亡，如枣疯病、泡桐丛枝病等。

5.低温危害

园林植物病害可直接造成部分植物在越冬时抽梢、冻裂，甚至死亡，如毛白杨破腹病等。

6.盐害

北方城市在冬季雪后撒盐或融雪剂对行道树危害较大，严重时可造成行道树死亡。

二、园林植物病害的检查方法

常用的园林植物病害的检查方法有以下几种：

（一）检查叶片上出现的斑点

病斑有轮廓，比较规则。到了病害后期，叶片上面一般会生出黑色颗粒状物，这时可对叶片进行切片检查。若叶片细胞里有菌丝体或子实体，则植物所得病害为传染性叶斑病，可根据子实体特征再鉴定为哪一种叶斑病。在一般情况下，传染性病斑干燥的多

为真菌侵害；斑上有溢出的脓状物，病变组织有特殊臭味的，多为细菌侵害；病斑不规则，轮廓不清，大小不一，查无病菌的则为非传染性病斑。

（二）看叶片是否生出白粉物或黄色粉状物

叶片生出白粉物多为白粉病或霜霉病。白粉病在叶片上多呈片状，霜霉病则多呈颗粒状，如黄栌白粉病、葡萄霜霉病。叶片背面（或正面）生出黄色粉状物，多为锈病，如毛白杨锈病、玫瑰锈病、瓦巴斯草锈病等。

（三）检查植物是否出现叶片黄绿相间或皱缩变小、节间变短，以及丛枝、植株矮小等情况

上述情况多由病毒引起。叶片黄化，整株或局部叶片均匀褪绿，进一步白化，一般由类菌质体或生理原因引起，如翠菊黄化病等。

（四）观察阔叶树的萎蔫情况或叶片焦边情况

对于整株或整枝，先检查有没有害虫，再取下萎蔫枝条，检查其维管束和皮层下木质部。如果发现变色病斑，则多是真菌引起的导管病害；如果没有变色病斑，则可能是茎基部或根部腐烂病或土壤气候条件不好所造成的非传染性病害。如果出现部分叶片尖端焦边或整个叶片焦边，则观察其发展，看是否生出黑点，检查有无病菌；如果发现整株叶片很快焦边，则多由土壤、气候等条件引起。

（五）检查松树的针叶枯黄情况

如果先由各处少量叶子开始，夏季逐渐传染扩大，到秋季又在病叶上生出隔断，上生黑点的，则多为针枯病；如果很快整枝甚至整株全部针叶焦枯或枯黄半截，或者当年生针叶都枯黄半截的，则多由土壤、气候等条件引起。

（六）辨别树木花卉干、茎皮层起泡、流水、腐烂情况

局部细胞坏死多为腐烂病，后期在病斑上生出黑色颗粒状小点，遇雨生出黄色丝状物的，多为真菌引起的腐烂病；只起泡、流水，病斑扩展不太大，病斑上还生黑点的，多为真菌引起的溃疡病，如杨柳腐烂病和溃疡病。树皮坏死，木质部变色腐朽，病部后

期生出病菌的子实体（木耳等），是由真菌中担子菌引起的树木腐朽病。草本花卉茎部出现不规则的变色斑，发展较快，造成植株枯黄或萎蔫的多为疫病。

（七）检查树木根部皮层病变情况

根部皮层腐烂、易剥落的，多为紫纹羽病、白纹羽病或根朽病等。根上有紫色菌丝层的，为紫纹羽病；有白色菌丝层的，为白纹羽病；后期病部生出病菌的子实体（蘑菇等）的，多为根朽病。根部长瘤子、表皮粗糙的，多为根癌病；幼苗根际处变色下陷造成幼苗死亡的，多为幼苗立枯病。一些花卉根部生有许多与根颜色相似的小瘤子，多为根结线虫病，如小叶黄杨根结线虫病。地下根茎、鳞茎、球茎、块根等细胞坏死腐烂，但表面较干燥、后期皱缩的，则多为真菌危害所致；如有溢脓和软化的，则多为细菌危害所致。前者如唐菖蒲干腐病，后者如鸢尾细菌性软腐病。

（八）检查树干和树枝情况

树干和树枝流汁流胶的原因较复杂，一般由真菌、细菌、昆虫或生理原因引起，如雪松流灰白色树汁、油松流灰白色松脂（与生理和树蜂产卵有关）、栾树春天流树液（与天牛、木蠹蛾的危害有关）、毛白杨树干破裂流水（与早春温差、树干生长不匀称有关）、合欢流黑色胶（由吉丁虫危害引起）等。

（九）观察树木枯梢情况

枝梢从顶端向下枯死，多由真菌或生理原因引起。前者一般先从零星的枝梢开始，发展起来有个过程，如柏树赤枯病等；后者一般是一发病就大部或全部枝梢出现干枯，而且发展较快。

（十）辨认枝或果上出现的斑点

枝或果上出现的病斑上常有轮状排列的突破病部表皮的小黑点，多为真菌引起的病害，如小叶黄杨炭疽病、兰花炭疽病等。

（十一）检查花瓣上出现的斑点

花瓣上出现斑点并逐渐扩大，花朵下垂，多为真菌引起的花腐病。

三、园林植物主要病害的防治

（一）叶部病害

1.白粉病类

白粉病是一种在世界范围内广泛发生的植物病害。

例如，月季白粉病是白粉病中比较典型的一种，病原为单丝壳属的一种真菌。

（1）症状

月季白粉病是蔷薇、月季、玫瑰上发生的比较普遍的病害。其主要发生在叶片上，叶柄、嫩梢及花蕾等部位均可受害。在发病初期，叶片上会产生褪绿斑点并逐渐扩大，随后叶片上下两面布满白粉。嫩叶在染病后，叶片皱缩反卷、变厚，逐渐干枯死亡。嫩梢和叶柄在发病时，病斑略肿大，节间缩短。花蕾在染病时，其上布满白粉层，致使花朵小，萎缩干枯。病轻的花蕾开出畸形花朵，严重的不开花。

（2）发病规律

白粉病的病原物会以菌丝体的形式在病组织中越冬，翌年以子囊孢子或分生孢子作初次侵染。白粉病在温暖潮湿季节发病迅速，5～6月、9～10月是发病盛期。

（3）防治方法

白粉病的主要防治方法如下：

第一，剪去病枝、病芽和病叶，减少侵染源。

第二，适当密植，通风透光，多施磷肥、钾肥等，氮肥要适量，增强植株抗病能力。

第三，在发病前，喷洒石硫合剂，预防侵染。例如，在植物休眠期喷洒波美为2～3度的石硫合剂，可消灭越冬菌丝或病部闭囊壳。在发病期用50%多菌灵可湿性粉剂1 500～2 000倍液喷施。此外，生物农药BO-10、抗霉菌素120对白粉病也有良好的防效。

2.炭疽病类

炭疽病是由炭疽菌引起的斑点性植物病害。病原物主要是刺盘孢属、盘长孢属和丛刺孢属的真菌。

例如，兰花炭疽病是兰花的主要病害，在我国兰花栽植区均有发生。该病除为害中国兰花外，还为害虎头兰、宽叶兰、广东万年青、米兰、扶桑、茉莉花、夹竹桃等多种植物。兰花炭疽病的病原物为刺盘孢属的两种真菌和盘长孢属的一种真菌。

（1）症状

该病主要为害植株的叶片，有时也侵染植株的茎和果实。在发病初期，感病叶片中部会产生圆形或椭圆形斑。炭疽病发生于叶缘，会产生半圆形斑；发生于尖端，部分叶段会枯死；发生于基部，许多病斑连成一片，也会造成整叶枯死。病斑初为红褐色，后变为黑褐色，下陷。在发病后期，病斑上可见轮生小黑点，为病原物的分生孢子盘。

（2）发病规律

病原物主要以菌丝体的形式在病叶、病残体和枯萎的叶基苞片上越冬。第二年春季，在适宜的气候条件下，病原物产生分生孢子。分生孢子借风雨和昆虫传播，进行侵染为害。老叶一般从 4 月初开始发病，新叶则从 8 月开始发病。高温多雨季节发病重，通风不良则病害加重。兰花品种不同，抗病性也有差异。

（3）防治方法

炭疽病的主要防治方法如下：

第一，结合冬剪，及时剪去枯枝落叶，并集中烧毁，减少侵染源。

第二，加强栽培管理，盆花要放在通风处，露地种植的花卉，要有防雨棚，且不要过密。

第三，在发病前，喷施 1∶1∶100 波尔多液，或 65%代森锌可湿性粉剂 800～1 000 倍液；在发病时，喷施 50%克菌丹可湿性粉剂 500～600 倍液，或 50%多菌灵可湿性粉剂 500～800 倍液，或 75%甲基托布津可湿性粉剂 800～1 000 倍液，每隔 10～15 d 喷 1 次，连续喷 2～3 次。

3.灰霉病类

灰霉病是一类重要的植物病害。自然界内存在着大量灰霉病病原物，范围十分广泛，但寄生能力较弱，只有当寄主生长不良、受到其他病虫为害、冻伤、创伤或多汁的植物体在中断营养供应的贮运阶段时，这类病原物才会使寄主出现水渍状褐斑，导致寄主腐烂。

例如，仙客来灰霉病是一种常见灰霉病，尤以温室栽培的仙客来发病重。该病主要为害植株叶、叶柄及花，引起叶、叶柄及花的腐烂。

（1）症状

在发病初期，感病叶片边缘会出现暗绿色水渍状斑纹，然后逐渐蔓延到整个叶片，最后全叶变为褐色并干枯，叶柄和花梗受害后产生水渍状腐烂。在发病后，若湿度较大，发病部位会密生灰色霉层，为病原物的分生孢子梗和分生孢子。当病害严重时，叶片枯死，花器腐烂，霉层密布。

（2）发病规律

病原物以菌核或在土壤中以菌丝体的形式在植株病残体上越冬。到了第二年春季条件适宜时，病原物产生分生孢子。分生孢子借气流传播，进行侵染为害。高湿有利于发病，反之病害发展缓慢且灰霉少。

（3）防治方法

灰霉病的主要防治方法如下：

第一，拔除病株，并集中销毁，减少侵染源。

第二，加强栽培管理，控制湿度，注意通风。

第三，在发病初期，喷施 1∶1∶200 波尔多液，或 65% 代森锌可湿性粉剂 500～800倍液，每隔 10～15 d 喷 1 次，连续喷 2～3 次。

4.叶斑病类

叶斑病是一种广义性的病害类型，主要发生在叶片上，极少数发生在其他部位。

例如，杜鹃叶斑病又名脚斑病，是杜鹃花上常见的重要病害之一。该病在我国分布很广，江苏、上海、浙江、江西、广东、湖南、湖北、北京等地均有发生。杜鹃叶斑病的病原物为尾孢菌属的一种真菌。

（1）症状

病斑呈圆形至多角形，红褐色或褐色，而后中间颜色变浅，边缘为深褐色或紫褐色，病斑上有灰黑色霉点。病叶易变黄、脱落。

（2）发病规律

病原物以菌丝体和分生孢子的形式在病残体或土中越冬，到了翌年春季，当环境适宜时，经风雨传播，自植株伤口侵入。病害适温为 20 ℃～30 ℃，每年 5～11 月发病。此外，叶斑病一般在种植过密、多雨潮湿和粗放管理情况下发病严重。

（3）防治方法

叶斑病的主要防治方法如下：

第一，结合修剪，剪去病枝、病芽和病叶，并集中销毁，减少侵染源。

第二，加强管理，多施磷肥、钾肥等，增强植株抗病能力；盆花摆放应密度适当，以便通风透光；夏季盆花放在室外应加荫棚。

第三，在开花后立即喷洒 50% 多菌灵可湿性粉剂 600～800 倍液，或 20% 锈粉锌可湿性粉剂 4 000 倍液，或 65% 代森锌可湿性粉剂 600～800 倍液，每 10～15 d 喷 1 次，连续喷洒5~6次。

5.病毒病

（1）仙客来病毒病

仙客来病毒病是世界性病害，在我国也十分普遍，仙客来的栽培品种几乎无一幸免，这种病害严重降低了仙客来的观赏价值。仙客来病毒病的病原物为黄瓜花叶病毒。

①症状

该病主要为害仙客来叶片，也侵染花冠等部位，从苗期至开花均可发病。感病植株叶片皱缩、反卷、变厚、质地脆、黄化、有疱状斑，叶脉突起成棱；叶柄短，呈丛生状。纯一色的花瓣上有褪色条纹，花畸形，花少、花小，有时抽不出花梗；植株矮化，球茎退化变小。

②发病规律

病毒在病球茎、种子内越冬，成为翌年的初侵染源。该病毒主要通过汁液、棉蚜、叶螨及种子传播。在苗期发病后，随着仙客来的生长发育，病情指数随之增加。

③防治方法

仙客来病毒病的主要防治方法如下：

第一，将种子用70℃的高温进行干热处理脱毒。

第二，栽植土壤用50%福美砷等药物处理，或采取无土栽培，减少发病率。

第三，用70%甲基托布津可湿性粉剂1 000倍液＋40%氧化乐果乳油1 500倍液＋40%三氯杀螨醇乳油1 000倍液防治传毒昆虫。

第四，通过组织培养，培养出无毒苗。

（2）香豌豆病毒病

香豌豆病毒病是一种常见病害。该病分布广，发生普遍，严重影响花的质量。香豌豆病毒病的病原物为菜豆黄花叶病毒。

①症状

植株在感病后，会形成系统的花叶，生长不良，叶片皱缩，花色也会变得杂乱。

②发病规律

病毒主要通过汁液和多种蚜虫传播，种子传播不常见。菜豆黄花叶病毒还可以为害豌豆、蚕豆、苜蓿、小苍兰等植物。

③防治方法

香豌豆病毒病的主要防治方法如下：

第一，清除香豌豆栽培区内的菜豆黄花叶病的寄主，减少侵染源

第二，施用杀虫剂，防治蚜虫，并避免其通过汁液传播。

（二）枝干病害

枝干病害对园林植物的危害很大，不论是草本花卉的茎，还是木本花卉的枝条或主干，受病后往往直接引起枝枯或全株枯死，这不仅会降低园林花木的观赏价值、影响景观，对某些名贵花卉和古树名木还会造成不可挽回的损失。枝干病害的症状类型主要有溃疡类、腐烂类、丛枝类、枯萎类等。不同症状类型的枝干病害当发展严重时，都能导致茎干的枯萎死亡。

1.溃疡病类

例如，杨树溃疡病又称水泡型溃疡病，是对我国杨树为害最大的枝干病害，病害几乎遍及我国各杨树栽植区。该病除为害杨树外，还可侵染柳树、刺槐、油桐，还可侵染苹果、杏、梅、海棠等多种果树。病原物有性世代属子囊菌亚门，腔菌纲，茶藨子葡萄腔菌；无性世代属半知菌亚门，腔孢纲，群生小穴壳菌。

（1）症状

水泡型溃疡病是最具有特征的病斑，即在皮层表面形成大小约 1 cm 的圆形水泡，泡内充满树液，破后有褐色带腥臭味的树液流出。水泡失水干瘪后，形成圆形稍下陷的枯斑，灰褐色。

（2）发病规律

病原物以菌丝体的形式在枝干上的病斑内越冬，当条件适宜时产生分生孢子，侵染植物枝干。孢子借风、雨传播，由植株的伤口和皮孔侵入。干旱瘠薄的立地条件是发病的重要诱因。在起苗时大量伤根及苗木大量失水，是初栽幼树易发病的原因。

（3）防治方法

溃疡病的主要防治方法如下：

第一，选用抗病树种。白杨派树种抗病，黑杨派树种中等抗病，青杨派树种多数易感病。

第二，加强栽培管理。减少起苗与定植的时间与距离，随起苗随定植，以减少苗木失水量。

第三，药剂防治。在发病前，喷施食用碱液 10 倍液，或代森铵液 100 倍液，或 40%

福美砷 100 倍液，或 50%退菌特 100 倍液，都有抑制病害的作用。

2.腐烂病类

腐烂病是一种对树木危害很大的病害，在发病严重时，会造成植株成片死亡。我国的东北地区、华北北部地区和西北地区腐烂病发病较为普遍，其主要为害北京杨、毛白杨、合作杨、二青杨、马氏杨、新疆杨以及柳、榆等。腐烂病的病原物为樟疫霉、掘氏疫霉及寄生疫霉，属鞭毛菌亚门，卵菌纲，霜霉目。

（1）症状

该病主要为害植株的主干、大枝，也危害弱小枝。在发病初期，病枝为浅褐色，以后逐渐变为深褐色，皮层组织水渍状坏死。当危害严重时，枝叶黄化脱落，甚至整株枯死。感病树干基部以上流脂，病部皮层组织水渍状腐烂，深褐色，老化后变硬开裂。感病的扦插苗，腐烂从剪口开始，沿皮层向上，输导组织被破坏，病组织呈褐色水渍状。

（2）发病规律

地下水位较高或积水地段，病株较多；土壤黏重、含水率高或肥力不足地区的植物，易发病；移植时伤了根的植物，也易发病。流水与带菌土均能传播病害。

（3）防治方法

腐烂病的主要防治方法如下：

第一，加强检疫，不用有病苗木栽植。

第二，加强栽培管理：开沟排水，避免土壤过湿；增施速效性肥料，促进树木生长，以提高抗病力；1%～2%尿素液浇灌根际。这些措施都有良好的防治效果。

第三，药剂防治。苗木保护可用 70%敌克松 500 倍液，或 90%乙磷铝 1 000 倍液，或 35%瑞毒霉 1 000 倍液，浇灌苗床。

3.丛枝病类

例如，泡桐丛枝病分布于我国华北、西北、华东、中南各地。感病幼苗及幼树严重者当年就会枯死；感病轻的苗木在定植后若继续发展，最后也会死亡；感病大树的生长会受到影响，多年后才死亡。泡桐丛枝病的病原物为支原体。

（1）症状

泡桐丛枝病对植物的枝、叶、干、根、花均会产生危害，常见的为丛枝型。症状表现为：隐芽大量萌发，侧枝丛生但纤弱；枝节间缩短，叶序紊乱，形成扫帚状；叶片小而薄、黄化，有时皱缩；花瓣变成叶状，花柄或柱头生出小枝，小枝上的腋芽又生小枝，如此往复形成丛枝。

（2）发病规律

病原物在植株体内越冬，可借嫁接传染，也可由病根带毒传染。另外，刺吸式口器昆虫如烟草盲蝽、茶翅蝽等是泡桐丛枝病的传毒昆虫。不同品种的泡桐发病率差异很大，兰考泡桐、楸叶泡桐发病率较高，白花泡桐、川泡桐较抗病。

（3）防治方法

丛枝病的主要防治方法如下：

第一，培育无病苗木：选择无病母株供采种和采根，推广种子繁殖，或从实生苗根部采根繁殖。

第二，种根浸在 50 ℃温水中 15～20 min，取出晾干 24 h 后，再行栽植。

第三，在病枝上进行环状剥皮，阻止病原物在树体内运动。其方法是在病枝基部或生病枝的枝条中下部环状剥皮，宽度为环剥部位直径的 1/3～1/2（以不愈合为度）。

第四，应用盐酸四环素治疗支原体病害。将适量的盐酸四环素（选用 1%稀盐酸溶解四环素粉末）通过髓心注射，对丛枝病有疗效。

4.枯萎病类

例如，紫荆枯萎病的病原物是一种镰刀菌，属半知菌亚门，丝孢纲，瘤座孢科，镰刀菌属。紫荆枯萎病除为害紫荆外，还为害菊花、翠菊、石竹、唐菖蒲等花卉，病菌侵害根和茎的维管束，能很快造成植株枯黄死亡。

（1）症状

病原物从根部侵入，沿导管蔓延到植株顶端。地上部分先从叶片尖端开始变黄，逐渐枯萎、脱落。一般先从个别枝条发病，然后逐渐发展至整丛枯死。剥开树皮，可见木质部有黄褐色纵条纹，其横断面导管周围可见到黄褐色轮纹状坏死斑。

（2）发病规律

病原物由地下伤口侵入植株根部，破坏植株的维管束组织，沿导管蔓延到植株顶端，造成植株萎蔫，最后枯死。病原物可在土壤中或病株残体上越冬，存活时间较长。次年 6～7 月，病原物借地下害虫及水流传播侵染根部。微酸性土壤，更利于发病。发病的适宜温度为 28 ℃左右。该病主要通过土壤、地下害虫、灌溉水传播，一般 6～7 月发病较多。

（3）防治方法

枯萎病的主要防治方法如下：

第一，在种植前进行土壤消毒。

第二，加强肥水管理，增强植株的抗病力。

第三，发现病株，重者拔除销毁，并用 50%多菌灵可湿性粉剂 200～400 倍液消毒土壤；轻者可浇灌 50%代森铵溶液 200～400 倍液，用药量为 2～4 kg/m²。

（三）根部病害

园林植物根部病害的种类虽不如叶部、枝干病害多，但所造成的损害常是毁灭性的。染病的幼苗几天内就会枯死，幼树在一个生长季节内就会枯萎，大树在延续几年后也会枯死。

根部病害的症状有：根部及根茎部皮层腐烂，并产生特征性的白色菌丝、菌核和菌索；根部和根茎部出现瘤状突起。病原物从根部入侵，破坏维管引起植株枯萎，根部或主干基部腐朽并可见大型子实体等。根部发病，植物的地上部分也有症状，如叶色发黄、放叶迟缓、叶形变小、提早落叶、植株矮化等。

1.苗木猝倒病和立枯病

苗木猝倒病和立枯病在我国各地均有发生，可以为害 100 多种植物，其中以针叶树苗最易感病，柏科树木比较抗病。易感病的园林植物有洋槐、槭、海桐、紫荆、枫香、悬铃木、银杏、菊花、康乃馨、仙客来、大丽花等。引起本病的原因，可分为非侵染性和侵染性两类。非侵染性病因包括：圃地积水，造成根系窒息；土壤干旱，表土板结；地表温度过高，根茎灼伤。侵染性病因主要是真菌中的腐霉菌、丝核菌和镰刀菌。

（1）症状

苗木猝倒病的症状如下：幼苗在出土后、真叶尚未展开前，遭受病原物侵染，致使幼茎基部出现水渍状暗斑，继而绕茎扩展，逐渐缢缩，呈细线状，子叶来不及凋萎，幼苗即倒伏地面。立枯病的症状如下：在幼茎木质化后，病原物造成根部或根茎部皮层腐烂，幼苗逐渐枯死，但不倒伏，称为立枯型。

（2）发病规律

苗木猝倒病和立枯病多发生在早春育苗床或育苗盘上。病原物以菌丝或菌核的形式在土壤中越冬，土壤是主要侵染来源，幼苗在出土 10～20 d 受害最重，20 d 后，苗株茎部开始木质化，病害减轻。在病害初期，往往仅个别幼苗发病，当条件适合时以这些病株为中心，迅速向四周扩展蔓延。

（3）防治方法

苗木猝倒病和立枯病的主要防治方法如下：

第一，在地势高、地下水位低、排水良好、水源方便、避风向阳的地方育苗。

第二，土壤消毒，选用多菌灵配成药土垫床和覆种。其具体方法如下：用 10%多菌灵可湿性粉剂，与细土混合，药与土的比例为 1∶200，用量为 75 kg/hm²。

第三，根据苗情适时适量放风，避免低温高湿条件出现，不要在阴雨天浇水，要设法消除棚膜滴水现象。

第四，在幼苗出土后，喷洒 50%多菌灵可湿性粉剂 500～1 000 倍液，或喷 1∶1∶120 倍波尔多液，每隔 10～15 d 喷洒 1 次。

2.苗木茎腐病

苗木茎腐病在长江中下游地区均有发生，为害池柏、银杏、杜仲、枫香、金钱松、水杉、柳杉、松、柏、桑、山核桃等园林植物的苗木。病原物属半知菌亚门，炭疽菌属，在苗木上很少形成孢子，常产生小如针尖的菌核。

（1）症状

苗木茎腐病主要为害茎基部或地下主侧根。病部开始为暗褐色，以后绕茎基部扩展一周，使皮层腐烂；地上部分叶片变黄、萎蔫；后期整株枯死，果穗倒挂。病部表面常形成黑褐色大小不一的菌核，数量极多。若用手拔苗，皮层脱落，仅能拔出木质部分。

（2）发病规律

盛夏土温过高，苗木茎基部灼伤，造成伤口，为病原物的侵入创造了条件。因此，病害一般在梅雨季节结束后 15 d 左右开始发生，而后发病率逐渐升高，至 9 月逐渐停止发展。病害的严重程度取决于 7～8 月的气温。

（3）防治方法

苗木茎腐病的主要防治方法如下：

第一，在秋季清扫园地，将病枝剪下集中烧毁，消除病原。

第二，加强苗木抚育管理，提高其抗病能力。苗期施足厩肥或棉籽饼作基肥，可以降低 50%的发病率。合理施肥、合理密植、降低土壤湿度等措施可以使植株健壮，减少发病。

第三，在夏季应搭架荫棚。在每日上午 10 时至下午 4 时为苗木遮阴，可降低 85%左右的发病率；在苗木行间覆草可降低 70%左右的发病率。

第四，在时晴时雨、高温高湿的夏天，病害易流行，应每周喷施 1 次 0.5%～1%波尔多液，保护苗木，防止病菌侵入。

第五，合理轮作，深翻土地，清除病残和不施用未腐熟的有机肥，可以减少病原，达到一定的防治效果。

3.苗木紫纹羽病

苗木紫纹羽病分布广泛，为害多种植物。苗木紫纹羽病的病原物为紫卷担子菌，属担子菌亚门，银耳目，卷担子属。其子实体膜质，呈紫色或紫红色。

（1）症状

此病主要为害根部，初发生于细支根，后逐渐扩展至主根、根茎。在初发病时，根的表皮出现黄褐色不规则的斑块，内部皮层组织变成褐色；不久后，病根表面缠绕紫红色网状物，甚至满布厚绒布状的紫色物；后期表面着生紫红色半球形核状物。病菌先侵染幼根，然后侵染粗大的主根、侧根。

（2）发病规律

病原物以菌丝体和菌核的形式残留在病根或土壤中，可以存活多年。当春季土壤潮湿时，病原物开始侵入幼根，靠水及土的移动传播，也随病苗的调运扩散。雨季，菌丝可蔓延到地面或主干上 6～7 cm 处。刺槐是紫纹羽病的重要寄主。

（3）防治方法

苗木紫纹羽病的主要防治方法如下：

第一，选用健康苗木栽植，并对可疑苗进行消毒处理。处理方法如下：将可疑苗在1%硫酸铜溶液中浸泡 3 h，或在 20%石灰水中浸泡 0.5 h，然后用清水冲洗再栽植。

第二，在生长期间加强管理，肥水要适宜，促进苗木健壮成长。发现病株应及时挖除并烧毁，并用 1∶8 的石灰水或 3%的硫酸亚铁消毒树坑。

4.苗木白绢病

苗木白绢病可为害多种花木，如兰花、君子兰、香石竹、凤仙、茉莉、万年青、楠木、瑞香、柑橘等，主要分布在长江流域以及广东、广西等地。苗木白绢病的病原物属半知菌亚门，小核菌属。

（1）症状

苗木白绢病通常发生在苗木的根茎部或茎基部。感病根茎部皮层逐渐变成褐色坏死，严重的皮层腐烂。苗木在受害后，其吸收水分和养分会受到影响，以致生长不良，地上部分叶片变小变黄，枝梢节间缩短，严重时枝叶凋萎，当病斑环茎一周后全株枯死。在潮湿条件下，受害的根茎表面或近地面土表覆有白色绢丝状菌丝体。

（2）发病规律

病原物的菌丝和菌核丝会从苗木根茎部或根部侵入。在 8～9 月秋雨连绵时，该病发病尤重。病原物会随苗木、流水传播，密植易导致病害蔓延。

（3）防治方法

苗木紫纹羽病的主要防治方法如下：

第一，更换无菌土壤或消毒土壤。消毒土壤的方法是用 0.2%土重的五氯硝基苯与土壤搅拌。

第二，在苗木生长期要及时施肥、浇水、排水、中耕除草，使苗木旺盛生长，提高苗木的抗病能力。在夏季要防暴晒，减轻灼伤危害，减少病原物侵染机会。

第三，发现病株要及时拔除，并对病株周围土壤进行消毒杀菌。

第四，在发病初期喷 50%多菌灵可湿性粉剂 100 倍液，或 50%托布津可湿性粉剂 500 倍液。

5.苗木根结线虫病

苗木根结线虫病，在四川、湖南、广东、河南等地的苗圃中发生比较普遍。杨、槐、柳、赤杨、核桃、朴、榆、桑、山楂、泡桐、大丽花、金鱼草、一串红等都有可能发生该病。

（1）症状

此病的主要症状是在主根及侧根上形成大小不等、表面粗糙的圆形瘤状物。若瘤中有白色粒状物，则是线虫雌虫所致。染病植物大部分当年枯死，个别次年春季死亡。

（2）发病规律

雌虫产卵于寄主植物病部瘤内或土壤中，卵可存活 2 年以上。幼虫无色透明，雌雄不易区分。幼虫主要在浅层土中活动，常分布在 10～30 cm 处，以 10 cm 处居多。当土壤湿度为 10%～17%、温度为 20～27 ℃时，最适于线虫存活。幼虫从根皮侵入后在寄主植物内诱发巨型细胞，其分泌物刺激根部，产生小瘤状物。线虫主要靠种苗、肥料、农具、水流传播。

（3）防治方法

苗木根结线虫病的主要防治方法如下：

第一，加强检疫，严格禁止有病苗木调出、调进。

第二，选用无病床土育苗，并实行水旱轮作，以减轻危害；选择肥沃的土壤，避免在沙性过重的地块种植。

第三，搞好花场苗圃的清洁卫生，清除已枯死的花卉和苗圃内外的杂草、杂树。

第四，土壤消毒。用克线磷或灭克磷颗粒剂防治根结线虫效果较好，用量为 30～45 kg/hm²。可以沟施，也可以加土撒施，但在施药后一定要翻盖。

6.根癌病

根癌病又称冠瘿病、根瘤病和肿瘤病等，为检疫对象。其分布范围很广泛，可为害桃、梨、榆、柳树、苹果、毛白杨等多种植物。病原为细菌中的癌肿野杆菌。

（1）症状

根癌病主要发生在根茎处，也可发生在根部及地上部分。发病初期，根部会出现近圆形的小瘤状物，而后逐渐增大、变硬，表面粗糙、龟裂，颜色由浅变为深褐色或黑褐色，瘤内部木质化。瘤大小不等，大的似拳头大小或更大，数目几个到十几个不等。由于根系受到破坏，故病株生长缓慢，重者全株死亡。

（2）发病规律

病原物在根瘤或土壤中越冬，为土壤习居菌，能在土壤中长期存活。病原物随苗木的调运、灌水、中耕除草、地下害虫传播，由伤口侵入。种植地土壤湿度大、呈微碱性，根部伤口多的植株，发病严重。

（3）防治方法

根癌病的主要防治方法如下：

第一，加强苗木检疫，发现病株要烧毁，防止病原物随苗传播。对怀疑有病的苗木，可用 500×10^6～$2\,000 \times 10^6$ 的链霉素溶液浸泡 30 min 或用 1%的硫酸铜溶液浸泡 5 min，并用清水冲洗后栽植。

第二，在移栽苗木时，淘汰重病苗；轻病苗剪去肿瘤，然后用 1%的硫酸铜溶液或 50 倍抗菌剂 402 溶液消毒切口，再外涂波尔多液浆进行保护。

第三，用"根瘤宁"和"敌根瘤"浸泡、涂抹或浇根。

第四，对珍稀植株，发现瘤体可用利刃切除，然后涂抹甲冰碘液（甲醇 50 份、冰醋酸 25 份、碘片 12 份）消毒。

7.球茎干腐病

球茎干腐病是唐菖蒲的常见病害，主要发生于唐菖蒲球茎上。球茎干腐病的病原物为唐菖蒲尖镰孢菌。

（1）症状

球茎干腐病主要危害球茎，也危害叶、花、根。球茎受害，表面会出现水渍状红褐色至暗褐色小斑，逐渐扩大成圆形或不规则形，病斑略凹陷，呈环状萎缩、腐烂；当发病严重时，整个球茎变黑褐色，干腐。植株在受害后，幼嫩叶柄弯曲、皱缩，叶片过早变黄、干枯，花梗弯曲，严重时不能抽出花茎。

（2）发病规律

球茎干腐病的病原物存在于土壤和有病球茎上，当条件适宜时，自植株伤口侵入。病原物借水的流动、人为园艺操作等传播，可传播到整个植株，也能侵入新球茎和子球茎。栽植带病球茎、氮肥过多、雨天挖掘球茎等都会导致发病。

（3）防治方法

球茎干腐病的主要防治方法如下：

第一，严格挑选无病球茎作繁殖材料，发现病株、病球茎应清除烧毁。

第二，在种植前对球茎进行处理。处理方法如下：用抗菌剂 401 的 1 000 倍液喷洒球茎表面，然后用清水冲洗，晾干后种植。

第三，使用药剂防治。在发病初期，喷洒 70%甲基托布津可湿性粉剂 2 000 倍液或50%多菌灵可湿性粉剂 1 000 倍液防治。

第四，加强储藏期管理。在贮藏前，将球茎置于 30 ℃条件下处理 10～15 d，促进伤口愈合。贮藏期间要通风、保持干燥，防止受冻和高温。

第二节 园林植物虫害及其防治

危害园林植物的动物种类很多，其中主要是昆虫，另外还有螨类、蜗牛类、鼠类等。昆虫中虽有很多属于害虫，但也有益虫，对益虫应加以保护和利用。认识昆虫，研究昆虫，掌握害虫的发生和消长规律，对园林植物虫害的防治具有重要意义。

一、害虫危害植物的方式及其危害性

（一）食叶

有些害虫以园林植物的叶片为食，轻则影响植物生长和观赏，重则造成园林植物长势衰弱，甚至死亡。

（二）刺吸

刺吸式害虫以针状口器刺入植物体内吸取植物汁液，有的造成植物叶片卷曲、黄叶、焦叶，有的引起枝条枯死，严重时使树势衰弱，引发次生病虫害侵入，造成植物死亡。刺吸式害虫还是某些病原物的传播媒介。

（三）蛀食

有些害虫会钻入植物体内啃食植物皮层、韧皮部、形成层、木质部等，直接切断植物输导组织，造成园林植物枝叶枯萎，甚至导致整株枯死。

（四）咬根茎

有些害虫在地下或贴近地表处咬断植物幼嫩根茎或啃食根皮，影响植物生长，甚至造成植物枯死。

（五）产卵

某些害虫将产卵器插入树木枝条中，产下大量的卵，会破坏树木的输导组织，造成枝条枯死。

（六）排泄

一些刺吸式害虫在危害植物时的排泄物不仅会污染环境，还会导致某些植物发生煤污病。

二、检查园林植物害虫的常用方法

（一）看虫粪、虫孔

食叶害虫、蛀食害虫在危害植物时都要排粪便，如槐尺蠖、刺蛾、侧柏毒蛾等食叶害虫在吃叶子时会排出一粒粒虫粪。通过检查树下、地面上有无虫粪就能知道树上是否有虫子。在一般情况下，虫粪粒小则虫体小，虫粪粒大则虫体较大；虫粪粒数量少则虫子量少，虫粪粒数量多则虫子量多。另外，蛀食害虫，如光肩星天牛、木蠹蛾等危害树木时，会向树体外排出粪屑，并挂在树木被害处或落在树下，很容易被发现。通过检查树木有无虫孔，也可以知道有无害虫。虫孔的数量也能反映树上害虫的数量。

（二）看排泄物

在危害树木时，刺吸式害虫的排泄物是液体。例如，蚜虫、蚧壳虫、斑衣蜡蝉等在危害树木时会排出大量"虫尿"，"虫尿"会落在地面或树木枝干、叶面上，甚至洒在停在树下的车上，像洒了废机油一样。因此，通过检查地面、树叶、枝干等上面有无废机油样污染物可以及时发现树上有无刺吸式害虫。

（三）看被害状

在一般情况下，害虫危害园林植物，就会出现被害状。例如：食叶害虫危害植物，受害叶就会出现被啃或被吃的痕迹；刺吸式害虫会引起受害叶卷曲、小枝枯死，或部分枝叶发黄、生长不良等情况；蛀食害虫危害植物，被害处以上枝叶会很快萎蔫。同样，地下害虫危害植物后，其植株的地上部分也有明显表现。只要勤观察、勤检查就会很快发现害虫的危害。

（四）查虫卵

有很多害虫在产卵时有明显的特征，抓住这些就能及时发现并消灭害虫。如天幕毛虫将卵呈环状产在小枝上，冬季非常容易看到；又如斑衣蜡蝉的卵块、舞毒蛾的卵块、杨扇舟蛾的卵块、松蚜的卵粒等都是发现害虫的重要依据。

（五）拍枝叶

拍枝叶是检查松柏、侧柏或龙柏上是否有红蜘蛛的一种简单易行的方法。只要将枝叶在白纸上拍一拍，就可看到白纸上是否有红蜘蛛及数量有多少。

（六）抽样调查

抽样调查是检查害虫的一种较科学的方法，通常是选择有代表性的植株或地点进行细致调查，根据抽样调查取得的数据确定防治措施。

三、园林植物主要虫害防治技术

（一）叶部害虫

叶部害虫是一类以植物叶片为食物主要来源的昆虫，主要为鳞翅目，另有膜翅目、鞘翅目和一些软体动物。

1.叶甲类

叶甲又名金花虫，成虫、幼虫均咬食树叶。成虫有假死性，多以成虫越冬。在园林中，常见的有榆绿叶甲、榆黄叶甲、榆紫叶甲、玻璃叶甲、皱背叶甲、柳蓝叶甲等。

下面以榆绿叶甲为例，对其生活史及习性、防治方法进行介绍。榆绿叶甲又名榆叶甲、榆蓝叶甲、榆蓝金花虫等，属鞘翅目、叶甲科。它主要危害榆树。

（1）生活史及习性

榆绿叶甲1年发生1～3代，在江苏、上海等地1年发生2代。其以成虫在树皮裂缝内、屋檐下、墙缝中、土层中、砖石下、杂草间等处越冬。5月中旬越冬成虫开始活动，相继交尾、产卵。5月下旬开始孵化。初龄幼虫剥食叶肉，残留下表皮，被害处呈网眼状，逐渐变为褐色；2龄以后，将叶吃成孔洞。老熟幼虫在6月下旬开始下树，在树杈的下面或树洞、裂缝等隐蔽场所群集化蛹。7月上旬出现第一代成虫。成虫一般在叶背剥食叶肉，常造成穿孔。7月中旬成虫开始在叶背产卵，卵成块状。第二代幼虫7月下旬开始孵化，8月中旬开始下树化蛹。8月下旬至10月上旬为成虫发生期。越冬成虫死亡率高，所以第一代为害不严重。

（2）防治方法

榆绿叶甲的主要防治方法如下：

第一，在越冬成虫期，收集枯枝落叶，清除杂草，深翻土地，消灭越冬虫源。

第二，当第一代、第二代老熟幼虫群集化蛹时，人工捕杀。

第三，在4月上旬越冬成虫出土上树前，用毒笔在树干基部涂两个闭合圈，毒杀越冬后上树成虫；还可以喷洒50%杀螟松乳油或40%乐果乳油800倍液防治成虫。

第四，保护、利用其天敌，如瓢虫等。

第五，利用灯光诱杀成虫。

2.袋蛾类

袋蛾又称蓑蛾，属鳞翅目、袋蛾科。除了大袋蛾，还有茶袋蛾、小袋蛾、白茧袋蛾等种类。

对园林植物为害最严重的是大袋蛾。大袋蛾又名大蓑蛾、避债蛾等，分布于华东、中南、西南等地。大袋蛾系多食性害虫，可以为害茶、山茶、桑、梨、苹果、柑橘、松柏、水杉、悬铃木、榆、枫杨、重阳木、蜡梅、樱花等树木，大发生时可将叶吃光，影响植株生长发育。

（1）生活史及习性

大袋蛾多数一年1代，少数2代，以老熟幼虫在虫囊中越冬。雄虫于5月中旬开始化蛹，雌虫于5月下旬开始化蛹；雄成虫和雌成虫分别于5月下旬及6月上旬羽化，并开始交尾产卵于虫囊内。大袋蛾繁殖率高，平均每只雌虫产卵2 000～3 000余粒，最多可达5 000余粒。虫卵于6月中下旬孵化，幼虫从虫囊内蜂拥而出，吐丝随风扩散，取食叶肉。随着虫体的长大，虫囊也不断增大。至8月、9月，4～5龄幼虫食量大，故此时造成的危害最重。

（2）防治方法

大袋蛾的主要防治方法如下：

第一，人工捕捉。在秋、冬季树木落叶后，摘除大袋蛾的越冬护囊，并集中烧毁。

第二，利用灯光诱杀。在5月下旬至6月上旬，用夜间灯光诱杀雄蛾。

第三，喷洒药剂防治。喷洒孢子含量为每克100亿个的青虫菌粉剂0.5 kg和90%晶体敌百虫0.2 kg的混合1 000倍液或50%敌敌畏乳剂1 000倍液或90%晶体敌百虫1 000倍液。

第四，保护、利用天敌。大袋蛾在幼虫和蛹期有各种寄生性和捕食性天敌，如鸟类、寄生蜂、寄生蝇等，要注意保护和利用。

3.刺蛾类

刺蛾又名洋辣子、刺毛虫，属鳞翅目、刺蛾科，是多食性害虫。刺蛾在受惊扰时会用有毒刺毛蜇人，并引起皮疹。毒液呈酸性，因此可以用食用碱或者是小苏打稀释后涂抹中和。园林中常见的刺蛾种类很多，其中为害严重的有褐刺蛾、绿刺蛾、扁刺蛾、黄刺蛾等。

下面以为害较为严重的扁刺蛾为例，对其生活史及习性、防治方法进行介绍。扁刺蛾主要为害苹果、梨、桃等 40 多种植物，其幼虫以取食叶片为害，当发生严重时，可将寄主叶片吃光，造成严重减产。

（1）生活史及习性

扁刺蛾在北方年生 1 代，在长江下游地区年生 2 代，在少数地区可年生 3 代。越冬代幼虫在 4 月底 5 月上旬开始化蛹，5 月中下旬开始出现第一代成虫，5 月下旬开始产卵，6 月上中旬陆续出现第一代幼虫。第一代幼虫 7 月上中旬下树入土结茧化蛹，7 月中下旬可见第二代幼虫，一直延续到 9 月。第三代幼虫发生期为 9 月上旬至 10 月。末代老熟幼虫入土结茧越冬。初龄幼虫有群栖性，成蛾有趋光性。

（2）防治方法

扁刺蛾的主要防治方法如下：

第一，人工杀茧。在冬季结合修剪，清除树枝上的越冬茧，或利用其入土结茧习性，组织人力在树干周围挖茧灭虫。

第二，灯光诱杀。在其成蛾高峰期，用黑光灯诱杀。

第三，化学农药防治。在发生严重时，可用 90%敌百虫 1 000 倍液、50%杀螟松乳油 1 000 倍液等喷施杀虫。

第四，生物制剂防治。青虫菌对扁刺蛾比较敏感，可喷孢子含量为每毫升 0.5 亿个的 500～800 倍液进行防治。

第五，保护、利用其天敌。将上海青蜂寄生茧集中放入纱笼里饲养，在春季挂放于园林内，逐渐控制扁刺蛾。

4.尺蛾类

尺蛾为小型至大型蛾类，属鳞翅目、尺蛾科。幼虫可模拟枯枝，裸栖食叶为害。

下面以为害较为严重的大叶黄杨尺蠖为例，对其生活史及习性、防治方法进行介绍。大叶黄杨尺蠖是园林重要害虫之一，又名造桥虫，鳞翅目，尺蛾科，分布在我国华北、华中、华东、西北地区，为害大叶黄杨、扶芳藤、榆、欧洲卫矛等。

（1）生活史及习性

大叶黄杨尺蠖一年发生 2～3 代。第一代成虫于 4 月中旬羽化产卵，幼虫于 4 月下旬开始为害，至 5 月下旬陆续化蛹。第二代成虫于 6 月中旬开始羽化，幼虫于 6 月下旬开始为害，直至 8 月上旬进入蛹期。第三代成虫于 8 月中旬开始羽化，幼虫于 8 月下旬孵化为害，9 月下旬化蛹。有些年份发生 4 代，幼虫于 11 月下旬至 12 月上旬化蛹越冬。幼虫会群集取食叶片，将叶吃光后则啃食嫩枝皮层，导致整株死亡。成虫白天栖息于枝叶隐蔽处，夜出活动、交尾、产卵，卵产于叶背，呈双行或块状排列。成虫飞翔能力不强，具有较强的趋光性。

（2）防治方法

大叶黄杨尺蠖的主要防治方法如下：

第一，于产卵期铲除卵块或在冬季翻根部土壤，杀死越冬虫蛹。

第二，成虫飞翔力弱，当第一代成虫羽化时捕杀成虫；利用成虫趋光性，在成虫期进行灯光诱杀。

第三，在幼虫发生为害期，喷洒 50%辛硫磷乳油 1 500～2 000 倍液，或晶体敌百虫 1 000～1 500 倍液，或敌敌畏 1 000～1 500 倍液。

5.蝶类

蝶类属鳞翅目，体纤细，触角前面数节逐渐膨大，呈棒状或球杆状。蝶类均在白天活动，静止时翅直立于背。我国记载有 2 300 多种蝶，如粉蝶、凤蝶、蛱蝶等。在园林中，常见的凤蝶有橘凤蝶、玉带凤蝶、马兜铃凤蝶等。

下面以为害较为严重的橘凤蝶为例，对其生活史及习性、防治方法进行介绍。橘凤蝶又名橘黄凤蝶，属鳞翅目、凤蝶科。其分布甚广，几乎遍布全国各地。

（1）生活史及习性

橘凤蝶在各地发生代数不一，在长江流域及以北地区年生 3 代，在江西年生 4 代，在福建、台湾可年生 5～6 代。其以蛹的形式在寄生枝条、叶柄及比较隐蔽场所越冬。翌年 4 月出现成虫，5 月上中旬出现第一代幼虫，6 月中下旬出现第二代幼虫，7～8 月出现第三代幼虫，9 月出现第四代幼虫，第五代出现在 10～11 月，第六代则以蛹的形式越冬。成虫在白天活动，取食花蜜，卵多散产于芽尖与嫩叶背面。

（2）防治方法

橘凤蝶的主要防治方法如下：

第一，人工捕杀幼虫和蛹。

第二，保护和引放其天敌。

第三，药剂防治。喷洒 90%敌百虫 800～1 000 倍液，或 80%敌敌畏 1 000 倍液，或孢子含量为每克 100 亿个的青虫菌 500 倍液，或 2.5%溴氰菊酯乳油 10 000 倍液。

6.叶蜂类

叶蜂幼虫形同鳞翅目幼虫，但属膜翅目、叶蜂科，头部的每侧只有一个单眼，除 3 对胸足外，还具有腹足 6～8 对。园林中常见的有樟叶蜂、蔷薇叶蜂等。

下面以为害较为严重的蔷薇叶蜂为例，对其生活史及习性、防治方法进行介绍。蔷薇叶蜂又名黄腹虫、月季叶蜂，属膜翅目、三节叶蜂科，主要分布在华东、华北地区，幼虫为害月季、十姐妹、蔷薇、玫瑰等。

（1）生活史及习性

蔷薇叶蜂一年发生 2 代，幼虫在土中作茧越冬。翌年 4 月、5 月成虫羽化，6 月进入第一代幼虫为害期，7 月上旬老熟，入土作茧化蛹。7 月中旬成虫羽化。第二代幼虫于 8 月上旬开始孵化，8 月中下旬进入幼虫发生高峰期，9 月下旬幼虫作茧越冬。

幼虫食叶成缺刻或孔洞。该虫常群集在叶片上，可将叶片吃光，仅残留叶脉。雌虫把卵产在枝梢，可致枝梢枯死，影响植物生长和质量。

（2）防治方法

蔷薇叶蜂的主要防治方法如下：

第一，在冬季、春季捡茧，消灭越冬幼虫，人工捕杀幼虫。

第二，选育抗虫的植物品种。

第三，在幼虫为害期喷洒 50%杀螟松 1 000 倍液，或 40%氧化乐果 1 500 倍液，或 20%杀灭菊酯 2 000 倍液。

7.软体动物类

软体动物中腹足纲的蜗牛和蛞蝓也会为害园林植物。

下面以为害较为严重的蜗牛为例，对其生活史及习性、防治方法进行介绍。蜗牛是一种陆生软体动物，属腹足纲、柄眼目。蜗牛分布极广，国内到处可见。

（1）生活史及习性

蜗牛一年发生 1 代（但寿命可达 2 年）。蜗牛是雌雄同体，异体受精，亦可自体受精繁殖，任何个体均能产卵。交尾后受精卵经过生殖孔产出体外。卵都产在地下数毫米深的土中或朽木、落叶之下。蜗牛的幼虫在卵壳中发育，孵出的幼体已成蜗牛的样子了。

蜗牛 3 月中旬开始活动，成虫和幼虫舔食嫩叶嫩茎，并在移行的茎叶表面留下一层光亮的黏膜。5 月，成虫在根部附近疏松的湿土内产卵，卵的表面同样有黏膜。初孵的幼虫，喜群集，后逐渐分散。8～9 月，如遇天气干旱，蜗牛就会潜入土内，壳口有白膜封闭，等到降雨湿润后又出土为害。11 月，蜗牛会入土越冬。

蜗牛常生活于阴暗潮湿的墙壁上、草丛中、矮丛树干上。蜗牛主食植物的茎、叶等，为害农作物。被害叶片呈不规则的缺刻。有时蜗牛会将花苗咬断，造成缺苗。

（2）防治方法

蜗牛的主要防治方法如下：

第一，清除杂草，开沟降湿，中耕翻土，以恶化蜗牛的生长、繁殖的环境。

第二，在春末夏初，尤其在 5～6 月蜗牛繁殖高峰期之前，及时消灭成蜗。

第三，在蜗牛为害猖獗时，可每 1 000 m²撒施 5～6 kg 菜子饼粉，或每 1 000 m²撒 7.5 kg 左右的生石灰粉，或夜间喷洒 1∶70～1∶100 氨水溶液，或用 3.3%蜗牛敌按 1 g/m²撒施。

（二）枝干害虫

枝干害虫主要包括蛀干、蛀茎、蛀新梢、蛀蕾、蛀花、蛀果、蛀种子等各种害虫，其中有鞘翅目的天牛类、象甲类、小蠹虫类，鳞翅目的木蠹蛾类、透翅蛾类、蝙蝠蛾类、螟蛾类等。它们对行道树、庭园树以及很多花灌木均会造成较大程度的危害，可致成株成片死亡。

枝干害虫的为害特点是除成虫期进行补充营养、觅偶、寻找繁殖场所等活动时较易发现外，其余时候均隐蔽在植物体内部为害，等到受害植物表现出凋萎、枯黄等症状时，植物已接近死亡，难以恢复生机。因此，对这类害虫的防治，应采取防患于未然的综合措施。

1.象甲类

象甲类昆虫统称象鼻虫，是鞘翅目昆虫中最大的一科，也是种类最多的一种昆虫。象甲类昆虫的主要种类有臭椿沟眶象、北京枝瘿象甲、山杨卷叶象等。

下面以为害较为严重的臭椿沟眶象为例，对其生活史及习性、防治方法进行介绍。臭椿沟眶象属象甲科，分布于天津、北京、西安、沈阳、合肥、山西、兰州、大连、山东等地，主要为害臭椿和千头椿。

（1）生活史及习性

臭椿沟眶象在北方一年发生 1 代，以成虫和幼虫在树干内或土中过冬。翌年 4 月下旬至 5 月上中旬越冬幼虫化蛹，6～7 月成虫羽化，7 月为羽化盛期。幼虫为害从 4 月中下旬开始，4 月中旬到 5 月中旬为越冬代幼虫翌年出蛰后为害期。7 月下旬到 8 月中下旬为当年孵化的幼虫为害盛期。成虫有假死性，受惊扰即卷缩坠落。成虫交尾多集中在臭椿上。在产卵时，成虫会先用口器咬破臭椿韧皮部，产卵于其中，卵期约 8 d。初孵幼虫先取食韧皮部，稍长大后蛀入木质部为害。老熟幼虫先在树干上咬一个圆形羽化孔，然后以蛀屑堵塞侵入孔，以头向下在蛹室内化蛹，蛹期为 10～15 d。

（2）防治方法

臭椿沟眶象的主要防治方法如下：

第一，加强植物检疫，勿栽植带虫苗木，一旦发现则应及时处理，严重的整株拔掉烧毁；同时，无论是苗圃还是园林绿化工程都应控制臭椿或千头椿的栽植量，减少虫源，防止虫害蔓延。

第二，在幼虫初孵化时，于被害处涂抹 50%杀螟松乳剂 40～60 倍液，或 50%辛硫磷 800～1 000 倍液。

第三，利用成虫假死性，于清晨将其振落捕杀，并于成虫期喷施 10%氯氰菊酯 5 000 倍液。

第四，在成虫盛发期，在距树干基部 30 cm 处缠绕塑料布，使其上边呈伞形下垂，塑料布上涂黄油，阻止成虫上树取食和产卵为害；也可于此时向树上喷 1 000 倍 50%辛硫磷乳油。

2.木蠹蛾类

木蠹蛾属木蠹蛾科，为中至大型蛾类。木蠹蛾幼虫会蛀害树干和树梢。为害园林植物的木蠹蛾，主要有相思拟木蠹蛾、六星黑点木蠹蛾、咖啡木蠹蛾、芳香木蠹蛾、柳干木蠹蛾等。

下面以为害较为严重的柳干木蠹蛾为例，对其生活史及习性、防治方法进行介绍。柳干木蠹蛾分布于我国的东北、华北、华东地区，寄主植物有柳、榆、刺槐、金银花、丁香、山荆子等。

（1）生活史及习性

柳干木蠹蛾每两年发生 1 代，少数地区一年发生 1 代，以幼虫在被害树木的树干、枝内越冬。经过三次越冬的幼虫，于第三年 4 月间开始活动，继续钻蛀为害；于 5 月下旬至 6 月上旬在原蛀道内陆续化蛹，6 月中下旬至 7 月底为成虫羽化期。成虫均在晚上活动，趋光性很强，寿命为 3 d 左右。卵成堆成块在较粗茎干的树皮缝隙内、伤口处，孵化后的成虫群集侵入内部。幼虫在根茎、根及枝干的皮层和木质部内蛀食，会造成不规则的隧道，削弱树势。

（2）防治方法

柳干木蠹蛾的主要防治方法如下：

第一，根据幼虫大多从旧孔蛀入为害衰弱花墩的习性，加强抚育管理，适时施肥浇水，促使植株健壮生长，以提高其抗虫力；冬季修剪应连根除去枯死枝，并集中烧毁。

第二，利用成虫的趋光性，在成虫的羽化盛期，在夜间用黑光灯诱杀成虫。

第三，在幼虫孵化期，尚未集中侵入枝干为害期前，喷洒 50%磷胺或 50%杀螟松乳油；在幼虫侵入皮层或边材表层期间用 40%乐果乳剂加柴油喷洒；对侵入木质部蛀道较深的幼虫，可用棉球蘸二硫化碳或 50%敌敌畏乳油加水 10 倍液，塞入或蛀入虫孔、虫道内，用泥封口。

3.透翅蛾类

透翅蛾属透翅蛾科，成虫最显著特征是前后翅大部分透明、无鳞片，很像胡蜂。透翅蛾白天活动，幼虫蛀食茎干、枝条形成肿瘤。透翅蛾科在鳞翅目中是一个数量较少的科，全世界已知有 100 种以上，我国有 10 余种，为害园林树木的主要有白杨透翅蛾、杨干透翅蛾、栗透翅蛾。

下面以为害较为严重的白杨透翅蛾为例，对其生活史及习性、防治方法进行介绍。白杨透翅蛾又名杨透翅蛾，分布于河北、河南、北京、内蒙古、山西、陕西、江苏、浙江等省（自治区、直辖市），为害杨、柳树，以银白杨、毛白杨被害最重。白杨透翅蛾幼虫会钻蛀顶芽及树干，抑制顶芽生长。树干被害处组织增生，形成瘤状虫瘿，易枯萎或风折。

（1）生活史及习性

白杨透翅蛾在华北地区多为一年 1 代，少数地区一年 2 代，以幼虫形态在枝干隧道内越冬。于翌年 4 月初取食为害，4 月下旬幼虫开始化蛹，成虫 5 月上旬开始羽化，盛期在 6 月中旬到 7 月上旬，10 月中旬羽化结束。卵始见于 5 月中旬，少部分孵化早的幼虫，若环境适合，则当年 8 月中旬还可化蛹，并羽化为成虫，发生第二代。在成虫羽化后，蛹壳仍留在羽化孔处，这是识别白杨透翅蛾的主要标志之一。

成虫飞翔力强，夜间静伏。卵多产于叶腋、叶柄、伤口处及有绒毛的幼嫩枝条上。

卵细小，不易发现。卵期为 7～15 d。幼虫分 8 龄，初龄幼虫取食韧皮部，4 龄以后蛀入木质部为害。幼虫在蛀入后，通常不再转移。9 月底，幼虫停止取食，以木屑将隧道封闭，吐丝作薄茧越冬。

（2）防治方法

白杨透翅蛾的主要防治方法如下：

第一，加强苗木检疫。对于引进或输出的杨树苗木和枝条，要经过严格检验。对于被害树木，须及时剪去虫瘿，防止传播。

第二，当幼虫进入枝干后，用 50%杀螟松乳油或 50%磷胺乳油 20～60 倍液，在被害 1～2 cm 范围内，用刷子涂抹环状药带，以毒杀幼虫。

第三，用杀螟松 20 倍液涂抹排粪孔道，或从排粪孔注射 80%敌敌畏乳油 30 倍液，并用泥封闭虫孔。

4.螟蛾类

螟蛾属螟蛾科，为害园林植物的螟蛾除卷叶、缀叶的食叶性害虫（如黄杨卷叶螟）外，还有许多钻蛀性害虫，如松梢螟。

松梢螟幼虫又名钻心虫，分布于我国的东北、华北、华东、中南、西南地区的 10 多个省（自治区、直辖市），是松林幼树的主要害虫，寄主为五针松、云杉、湿地松、红松等。被害枝梢会变黑、弯曲、枯死。松梢螟还可为害大树的球果。

（1）生活史及习性

此虫在吉林每年发生 1 代，在辽宁、北京、海南每年发生 2 代，在南京每年发生 2～3 代，在广西每年发生 3 代，在广东每年发生 4～5 代。越冬代于 5 月中旬至 7 月下旬出现，第一代于 8 月上旬至 9 月下旬出现，第二代于 9 月上旬至 10 月中旬出现，11 月幼虫开始越冬。各代成虫期较长，其生活史不整齐，有世代重叠现象。成虫有趋光性，夜晚活动，在嫩梢针叶或叶鞘基部产卵。幼虫会钻蛀主梢，引起侧梢丛生，树冠呈扫帚状，严重影响树木生长；幼虫会蛀食球果，影响种子产量；幼虫也会蛀食幼树枝干，造成幼树死亡。

（2）防治方法

松梢螟的主要防治方法如下：

第一，加强幼林抚育，促使幼林提早郁闭，可减轻危害；在修枝时留茬要短，切口要平，减少枝干伤口，防止成虫在伤口产卵；利用冬闲时间，组织群众摘除被害干梢、虫果，并集中处理，可有效压低虫口密度。

第二，在成虫产卵期至幼虫孵化期，喷施 50%杀螟松乳油 500 倍液，每次隔 10 d，连续喷施 2～3 次，以毒杀成虫及初孵幼虫。

第三，根据成虫趋光性，利用黑光灯以及高压汞灯诱杀成虫。

第四，保护、利用其天敌，如赤眼蜂等。

（三）根部害虫

根部害虫又称地下害虫，常见的有蝼蛄、地老虎、蛴、蟋蟀、叩头虫等。在园林观赏植物中一般以地老虎、蛴发生最普遍。它们食性杂，为害各种花木幼苗，猖獗时常造成严重缺苗现象，给育苗工作带来重大威胁。

根部害虫的发生与环境条件有密切的关系，土壤质地、含水量、酸碱度等对其分布和组成都有很大影响。例如，地老虎喜欢较湿润的黏壤土，故其主要为害区为长江以南各地及黄河流域的部分低洼地带；蛴适于生长在中性或微酸性土壤及疏松的介质中，在碱性或盐渍性土壤中很少发生；蝼蛄喜欢生活在温暖潮湿、有机质丰富的土壤中；蟋蟀要求有温暖的环境，分布偏南。

1.蝼蛄类

蝼蛄属直翅目、蝼蛄科，俗称土狗、地狗、蝲蝲蛄等，常见的有华北蝼蛄和东方蝼蛄。

华北蝼蛄广泛分布在东北地区，以及内蒙古、河北、河南、山西、陕西、山东、江苏等地。东方蝼蛄在全国大部分地区均有分布，以长江流域及南方较多。蝼蛄食性很杂，主要以成虫、若虫危害植物幼苗的根部和靠近地面的幼茎。成虫、若虫常在表土层活动，钻筑坑道，造成播种苗根土分离、干枯死亡。清晨，在苗圃床面上可见大量不规则隧道，虚土隆起，这就是蝼蛄所致。

（1）生活史及习性

华北蝼蛄的生活史很长，约 3 年发生 1 代，若虫 13 龄，以成虫和 8 龄以上的各龄若虫在 150 cm 以上的土中越冬。翌年 3 月当 10 cm 深土温度达 8℃左右时开始活动为害，4 月中下旬为害最盛，6 月间交尾产卵，每个雌虫可产卵 300～400 粒。成虫昼伏夜出，有趋光性，但体形大、飞翔力差，灯下的诱杀率不如东方蝼蛄高。华北蝼蛄对粪肥臭味有趋性。

东方蝼蛄在南方一年完成 1 代，在北方两年完成 1 代，以成虫或 6 龄若虫越冬。翌年 3 月下旬开始上升至土表活动，4 月、5 月是为害盛期；5 月中旬开始产卵，5 月下旬至 6 月上旬为产卵盛期，6 月下旬为末期。东方蝼蛄在产卵前会先在腐殖质较多或未腐熟的厩肥土下筑土室，然后产卵其中，每个雌虫可产卵 0～60 粒。成虫昼伏夜出，有趋光性，嗜食香甜物质，对马粪等有机物质有趋性，还有趋湿性。

（2）防治方法

蝼蛄的主要防治方法如下：

第一，所施用的厩肥、堆肥等有机肥料要充分腐熟。

第二，蝼蛄的趋光性很强，在羽化期间，晚上 7～10 时可用灯光诱杀。

第三，毒饵诱杀。用 90% 敌百虫 0.5 kg 拌入 50 kg 煮至半熟或炒香的饵料（麦麸、米糠等）作毒饵，傍晚均匀撒于苗床上。

第四，苗圃步道间每隔 20 m 左右挖一小坑，将马粪或带水的鲜草放入坑内诱集，再加上毒饵更好，次日清晨可到坑内集中捕杀。

第五，鸟类是蝼蛄的天敌，可在苗圃周围栽植杨、刺槐等防风林，招引红脚隼、戴胜、喜鹊、黑枕黄鹂和红尾伯劳等食虫鸟以控制虫害。

2.蟋蟀类

蟋蟀属直翅目、蟋蟀科，常见的有大蟋蟀和油葫芦。蟋蟀分布广，食性杂，成虫、若虫均为害松、杉、石榴、梅、泡桐、桃、梨、柑橘等苗木及多种花卉幼苗和球根。

（1）生活史及习性

大蟋蟀一年发生 1 代，以若虫形态在土穴内越冬，来年 3 月上旬开始大量活动，5～6 月成虫陆续出现，7 月进入羽化盛期，10 月间成虫陆续死亡。大蟋蟀是夜出性地下害虫，喜欢在疏松的沙土营造土穴而居，洞穴深达 20～150 mm。每一雌虫约产卵 500 粒以上，卵数十粒聚集产于卵室中，卵经 15～30 d 孵化。成虫、若虫白天潜伏在洞穴内，洞口用松土掩盖，夜间拨开掩土出洞活动。

油葫芦一年发生 1 代，以卵形态在土中越冬，次年 4 月开始孵化。若虫夜间出土觅食，共 6 龄。6～8 月为成虫羽化期。成虫白天潜伏，多栖息于湿润而阴暗或潮湿疏松的土壤中。成虫有趋光性，于 8～9 月交尾产卵，雌虫多将卵产在杂草间的向阳土埂上或草堆旁的土中。

（2）防治方法

蟋蟀的主要防治方法如下：

第一，用麦麸、米糠或各类青茶叶加入 0.1% 敌百虫配成毒饵，于傍晚投放于洞穴口上风处诱杀。

第二，在水源方便的地区，可向洞穴灌水。

3.根蛆类

根蛆类的主要种类是种蝇，又名灰地种蝇，属双翅目、花蝇科，分布在全国各地。种蝇的寄主植物有十字花科、禾本科、葫芦科等。为害特点是：幼虫蛀食萌动的种子或幼苗的地下组织，引致腐烂死亡。

（1）生活史及习性

种蝇每年发生 2～5 代，在北方以蛹的形态在土中越冬，冬季在南方长江流域可见各种虫态。种蝇在 25 ℃以上条件下完成 1 代需 19 d。在春季均温 17 ℃时，完成 1 代需 42 d；在秋季均温 12～13 ℃时，完成 1 代需 51.6 d。产卵前期初夏为 30～40 d，晚秋为 40～60 d。在 35 ℃以上 70%的卵不能孵化，幼虫、蛹会死亡，故夏季种蝇少见。种蝇喜白天活动，幼虫多在表土下或幼茎内活动。成虫喜欢在干燥的晴天活动，晚上静止，在较阴凉的阴天或多风天气大多躲在土块缝隙或其他隐蔽场所。成虫常聚集在肥料堆上或田间地表的人畜粪上，并产卵。第一代幼虫为害最重。种蝇喜欢生活在腐臭或发酸的环境中，对蜜露、腐烂有机质、糖醋液有趋性。

（2）防治方法

种蝇的主要防治方法如下：

第一，用糖醋液（红糖 2 份、醋 2 份、水 6 份），加适量敌百虫诱杀。

第二，在幼虫发生期，用 90%敌百虫 1 000 倍液，或 50%辛硫磷 1 000～2 000 倍液，浇灌植物根部，杀幼虫。

第三，在成虫发生期，每隔 1 周喷 1 次 80%敌敌畏乳油 1 000～1 500 倍液，连续喷 2～3 次。

第四，施用充分腐熟的有机肥，防止成虫产卵。

4.白蚁类

白蚁属等翅目昆虫，分土栖、木栖和土木栖三大类。除为害房屋、桥梁、枕木、船只、仓库、堤坝外，白蚁还是园林树木的重要害虫。白蚁主要分布在长江以南及西南各地。在南方，为害苗圃苗木的白蚁主要有家白蚁（属鼻白蚁科）、黑翅土白蚁（属白蚁科）和黄翅大白蚁（属白蚁科）。

下面以为害较为严重的家白蚁为例，对其生活史及习性、防治方法进行介绍。家白蚁分布于广东、广西、福建、江西、湖北、湖南、四川、安徽、浙江、江苏及台湾等地，主要为害房屋建筑、桥梁、电杆及绿化树种。

（1）生活史及习性

家白蚁营群体生活，属土木两栖白蚁，性喜阴暗潮湿。家白蚁在室内或野外筑巢，巢的位置大多在树干内、夹墙内、屋梁上、猪圈内、锅灶下；也可筑巢于地下 1.3～2 m 深的土壤内。其主要取食木材、木材加工品及树木，在木材上顺木纹穿行，会造成呈平行排列的沟纹，通常沿墙角、门框边缘蔓延。蚁道的标志是：墙上有水湿痕迹，木材上油漆变色，沿途有一些针尖大小的透气孔，或木材表面有泥被。一般找到透气孔即已接近蚁巢。家白蚁多在傍晚成群飞翔，尤其是在大雨前后闷热时更为显著。有翅成虫有强烈趋光性，此时可用灯光诱杀。

（2）防治方法

家白蚁的主要防治方法如下：

第一，挖巢，最好在冬季家白蚁集中巢内时挖巢。由于家白蚁建有主巢、副巢，并会产生补充的繁殖蚁，所以挖巢往往还不能根除。

第二，用毒饵诱杀。在配制毒饵时，先将 0.1 g 的 75% 灭蚁灵粉、2 g 红糖、2 g 松花粉按重量称好；再将红糖用水溶开；接着将灭蚁灵和松花粉拌匀倒入，搅拌成糊状，用皱纹卫生纸包好，或直接涂抹在卫生纸上揉成团即可；将带有灭蚁灵毒饵的卫生纸塞入有家白蚁活动的部位，如蚁路、分飞孔、被害物的边缘或里面。在配制毒饵时如无松花粉，则可用面粉、米粉和甘蔗渣粉代替。

第三，在家白蚁活动季节设诱集坑或诱集箱，放入劈开的松木、甘蔗渣、芒萁、稻草等，用淘米水或红糖水淋湿，上面覆盖塑料薄膜和泥土，待 7～10 d 诱来家白蚁后，喷施 75% 灭蚁灵粉。在施药后按原样放好，继续引诱，直到无家白蚁为止。

5.金龟子类

金龟子俗称白地蚕，属鞘翅目、金龟子总科，分布在全国，是苗圃、花圃、草坪、林果常见的害虫。蛴是金龟子幼虫的总称。为害园林植物的金龟子有 170 多种，其种类之多、食性之杂、为害之大，是其他地下害虫无法比的。

蛴为害情况可归纳为：将根茎皮层环食，使苗木死亡；啃食根茎部分，影响植物生长，使植物提早落叶；有些成虫（金龟子）吃叶、芽、花蕾、花冠，影响花卉及果品的产量；根茎在被害后，造成土传病害侵染，致使苗木死亡。

（1）生活史及习性

金龟子一般一年发生 1 代，或 2～3 年发生 1 代，长者 5～6 年发生 1 代。鳃金龟科种类多以成虫形态在土中越冬，丽金龟科、花金龟科种类多以幼虫形态在土中越冬。蛴常年生活于有机质多的土壤中，与土壤温湿度关系密切。土壤湿度大、生茬地、豆茬地、厩肥施用较多的地块，蛴在深土层过冬或越夏。成虫在交配后 $10\sim15$ d 产卵，每头雌虫可产卵 100 粒左右。卵产在松软湿润的土壤内，以水浇地最多。蛴共 3 龄，1 龄、2 龄期较短，3 龄期最长。

（2）防治方法

金龟子的主要防治方法如下：

第一，进行科学栽培。实行水、旱轮作；适时灌水；不施未腐熟的有机肥料；精耕细作，及时镇压土壤，清除田间杂草；大面积进行春耕、秋耕，并跟犁拾虫。

第三，进行土壤处理。在翻地后整地前每公顷撒施 5%辛硫磷颗粒剂 60 kg，或 3%呋喃丹颗粒剂 $45\sim60$ kg，或 5%西维因粉剂 45 kg，然后整地作畦。

第三，用药剂拌种。用 50%辛硫磷、50%对硫磷或 20%异柳磷药剂与水和种子按 1：30：（$400\sim500$）的比例拌种；用 25%辛硫磷胶囊剂或 25%对硫磷胶囊剂等有机磷药剂或用种子重量 2%的 35%克百威种衣剂包衣，还可兼治其他地下害虫。

第四，在成虫出土、为害期，利用黑光灯诱杀铜绿丽金龟、华北大黑鳃金龟等成虫，以闷热天气诱杀效果最好。

第五，利用金龟子的假死性进行人工捕杀。

第六，进行生物防治。应加强保护与利用大杜鹃、大山雀、黄鹂、红尾伯劳等益鸟，一级青蛙、刺猬、寄生蜂、寄主蝇、食虫虻、步行虫等金龟子天敌。此外，利用白僵菌、绿僵菌、乳状杆菌、性外激素等防治金龟子也有较好的效果。

参 考 文 献

[1] 陈娟，郭英，李锐.园林专业综合实践教程[M].南京：东南大学出版社，2022.

[2] 戴欢.园林景观植物[M].武汉：华中科技大学出版社，2021.

[3] 董亚楠.园林工程从新手到高手 园林植物养护[M].北京：机械工业出版社，2021.

[4] 杜迎刚.园林植物栽培与养护[M].北京：北京工业大学出版社，2019.

[5] 古腾清.园林植物环境与栽培[M].北京：高等教育出版社，2023.

[6] 韩旭，王庆云，宋开艳.园林植物栽培养护及病虫害防治技术研究[M].北京：中国原子能出版社，2020.

[7] 雷一东.园林植物应用与管理技术[M].北京：金盾出版社，2019.

[8] 黎海利.园林植物栽培与养护[M].延吉：延边大学出版社，2019.

[9] 李光晨，范双喜.园艺植物栽培学[M].北京：中国农业大学出版社，2001.

[10] 刘海桑.景观植物识别与应用[M].北京：机械工业出版社，2020.

[11] 刘洪景.园林绿化养护管理学[M].武汉：华中科技大学出版社，2021.

[12] 刘玉祥.植物保护技术[M].济南：济南出版社，2019.

[13] 门志义，李同欣.园林植物与造景设计探析[M].北京：中国商务出版社，2023.

[14] 潘欣.成都市人工栽培植物多样性及园林应用[M].成都：四川科学技术出版社，2023.

[15] 宋新红，潘天阳，崔素娟.园林景观施工与养护管理[M].汕头：汕头大学出版社，2021.

[16] 谭炯锐，段丽君，张若晨.园林植物应用及观赏研究[M].北京：中国原子能出版社，2021.

[17] 田雪慧.园林花卉栽培与管理技术[M].长春：吉林文史出版社，2021.

[18] 王齐瑞.河南常绿树木资源及栽培利用[M].郑州：黄河水利出版社，2021.

[19] 魏东晨.廊坊园林绿化植物常见病虫害[M].石家庄：河北科学技术出版社，2021.

[20] 张淼，刘世兰，肖庆涛.园林绿化工程与养护研究[M].长春：吉林科学技术出版社，2022.

[21] 张文婷，王子邦.园林植物景观设计[M].西安：西安交通大学出版社，2020.

[22] 祝遵凌，王瑞辉.园林植物栽培养护[M].北京：中国林业出版社，2005.